隨書附範例光碟

物聯網實作 第2版
工業4.0基礎篇

廖裕評 陸瑞強　著

本書特色

物聯網完整實作課程，橫跨：

- Arduino程式設計
- 雲端平台建立
- 感測器應用
- 人機介面設計
- 手機App設計

創造出屬於自己獨一無二的
物聯網應用！

五南圖書出版公司 印行

　　物聯網浪潮的來臨，已經開始改變產業與生活的樣貌。在工業應用上，將物聯網結合機器人、自動化生產線，融合消費者需求，從設備自動化生產演進成工廠智慧化生產，構成工業4.0少量多樣、分散製造、快速回應的概念。在日常生活中，整合網路的家庭監控、情境照明、銀髮照顧等應用，都為人們帶來更為舒適的新生活。

　　從技術層面上來說，欲建構厚實的物聯網產業有幾個關鍵處，首先是IC晶片，尤其是指可以提供無線連接且低耗電功率的IC晶片；接著是感測器，以偵測感知環境的物理變化；第三是系統平台；第四是雲端控制軟體；最後則是應用端程式。作者以多年的教學經驗與近兩年帶隊參賽的得獎經驗（第20屆全國大專校院資訊應用服務創新競賽——智慧穿戴結合雲端服務創新應用組第三名、第19屆全國大專校院資訊應用服務創新競賽——IBM智慧好生活創新應用組第一名），開發這物聯網實作的基礎教材。由於介紹之內容廣泛，但篇幅有限，各技術應用將直接以範例實作，並無深入介紹各技術規範，以免流於一本超厚的技術手冊，也希望讀者能將各章內容排列組合出自己獨創的物聯網應用。

　　本書使用無線網路晶片ESP8266（UART轉WiFi的晶片），搭配Arduino開發板，加上溫濕度感測裝置整合出一個實驗系統平台，透過IBM Bluemix雲端平台與機器手臂、自走車、手機APP互動。全書共分十八堂課，每堂課包含了簡單介紹，以及可在三小時內完成的實作，足夠大專技職院校甚或高職授課所需，也適合對物聯網、機電控制或雲端控制等方面有興趣的讀者自修，或作為一本入門的教科書使用，本書橫跨Arduino程式設計、感測器應用、雲端平台建立、VC#人機介面設計與手機APP設計等五大領域，希望讀者能夠透過本書初體驗物聯網監控的樂趣。

感謝陸瑞強老師、周顯恭校友、劉邦慈校友、簡偉倫校友、梁鈞冠校友與所有健行科技大學D215實驗室同學的幫忙，使本書可以順利完成。

作者敬業精神

　　把握分秒：有點喘地在約定的時間出現，因爲在課後回答學生個別問題再趕過來討論，眞是分秒把握不浪費。

　　教學熱忱：雖非原本專業，但卻積極了解市場趨勢並親自學習而開創新的教導方向。

　　對學生愛護有加：找機會讓學生學習新事物——「雲端物聯網」，即使自己也才開始接觸，就鼓勵學生動手做，學生碰到不懂之處即請求外界協助，因而有學生已被上市公司聘雇。令人感動！

作者勇於創新

　　演講邀請：物聯網大事件不能缺席，有緣受邀到學校演講「雲端物聯網」，建立同學基本概念。

　　人工智慧探索：跨入未來的大趨勢「雲端人工智慧——IBM Watson」探索，一步一步摸索雖然艱辛，但也品嚐了酸甜的滋味。

　　雲端物聯網參賽：動手做就是最好的訓練，初生之犢不畏虎，同學在作者鼓勵下參加雲端物聯網應用競賽，到最後獲獎，喜出望外，證明師生們的努力更增強了勇於接受挑戰的信心。

此書易於學習

實作中學習：以作者成功培育學子的經驗——「實作中學習」來撰寫此書，做中學帶動了學生的學習興趣。

系統化學習：雲端物聯網是一整合的系統，以系統化的概念剖析各單元功能，再做系統整合，進而做資料分析應用的系統化學習規畫。

舖起工業4.0之路：描述端點感知、機械手臂、通訊網路、行動裝置、雲端等建構起整個雲端物聯網（IoT），此書建立的基礎可提升產業所需人才，也舖起年輕學子跨進工業4.0之路。

由此了解作者的撰寫是融合多年教學及業界互動的經驗而納於此書，難能可貴，期盼早日付梓得嘉惠更多學子。

新華電腦—IBM經銷伙伴
總經理　陳明福
2016/03/15

　　IoT這三個字母何其簡單，要應用在工業4.0卻道盡資、電、機等各個領域的範疇。飆機器人為國內最早引進與推動Arduino的代理商，至今已近10個年頭了。從一開始挑戰8051的傳統教育，至今的智慧生活、創客……到當前最紅的IoT等等。如雨後春筍般的各式應用模組不斷湧現，雖說開啟了便利性，但來不及跟上的說明與教材卻苦了想進入這有趣科學領域的學習者。

　　飆機器人很榮幸能受到作者的邀請來推薦這本以實務實作為題材的《物聯網實作：工業4.0基礎》，其內容涵蓋了一個完整物聯網領域專題所需要與必備的範疇，從微處理器到感測器、從WiFi通訊到最重要的資料庫；一堂課一堂課將您在過程中所遇到的問題一一呈現出來，一步一步帶您克服困難，完成物聯網學習與專題的使命。

　　面對已經到來的物聯網與工業4.0的競爭，這本書結合軟硬體與網路的實務實戰經驗，將可帶您用效率式的方式切入IoT的實務核心，正確地迎向未來世界的挑戰。

飆機器人——普特企業有限公司

產品應用經理　王國棟

CONTENTS ▶▶ ▶

第 1 堂課　環境建置　　　　　　　　　　　1

第 2 堂課　伺服機（舵機）控制　　　　　7

一、實驗目的..8

二、實驗設備..8

三、實驗配置..9

四、伺服機控制說明............................9

五、程式流程圖..................................11

六、重點語法說明..............................11

七、Arduino 程式..............................12

八、實驗步驟......................................13

九、實驗結果......................................14

第 3 堂課　四軸機器手臂控制　　　　17

一、實驗目的......................................18

二、實驗設備......................................18

三、實驗配置......................................19

四、預期實驗結果..............................19

五、程式流程圖..................................20

六、重點語法說明..............................21

七、Arduino 程式..............................22

八、實驗步驟......................................24

九、實驗結果......................................25

第 4 堂課　人機介面控制四軸機器手臂　29

一、實驗目的......................................30

二、實驗設備......................................30

目錄

三、實驗配置 31

四、預期實驗結果 31

五、人機介面設計說明 32

六、重點語法說明 35

七、VC# 程式編輯步驟 37

八、實驗結果 54

第 5 堂課　網路遠端控制四軸機器手臂　　57

一、實驗目的 58

二、實驗設備 58

三、實驗配置 59

四、預期實驗結果 59

五、Server 端程式流程圖 61

六、Server 端重點語法說明 61

七、Server 端 Arduino 程式 63

八、Client 端人機介面設計說明 68

九、實驗步驟 71

十、實驗結果 87

第 6 堂課　MQTT 技術應用於 Arduino　　91

一、實驗目的 92

二、實驗設備 92

三、實驗配置 93

四、預期實驗結果 93

五、MQTT 技術說明 95

六、Arduino 程式的程式流程圖 96

七、重點語法說明 97

八、Arduino 程式 99

九、實驗步驟..102

十、實驗結果..106

第 7 堂課　MQTT 技術應用於馬達監控　　109

一、實驗目的..110

二、實驗設備..111

三、實驗配置..111

四、預期實驗結果..112

五、程式流程圖..113

六、重點語法說明..114

七、Arduino 程式..115

八、實驗步驟..119

九、實驗結果..123

第 8 堂課　使用 ESP8266URAT 轉 WiFi 模組

125

一、實驗目的..126

二、實驗設備..126

三、實驗配置..127

四、預期實驗結果..128

五、實驗流程..129

六、AT 指令..129

七、實驗步驟..131

八、實驗結果..139

第 9 堂課　人機介面遠端監控機器手臂（使用 ESP8266 WiFi 模組）　141

一、實驗目的 142
二、實驗設備 142
三、實驗配置 143
四、預期實驗結果 145
五、Server 端程式流程圖 145
六、Server 端重點語法說明 147
七、Client 端人機介面設計說明 155
八、Visual Studio C# 編輯步驟 158
九、實驗結果 176

第 10 堂課　使用 ESP8266 實現 MQTT　179

一、實驗目的 180
二、實驗設備 180
三、實驗配置 181
四、重點語法說明 183
五、Arduino 程式 184
六、實驗步驟 188
七、實驗結果 197

第 11 堂課　雲端環境建置　199

一、實驗目的 200
二、實驗設備 200
三、雲端應用程式 Node-RED 使用介紹 201
四、實驗步驟 201

五、實驗結果 223

第 12 堂課　雲端資料庫儲存溫度資料與分析

225

一、實驗目的 226
二、實驗設備 226
三、Node-RED 應用程式重點說明 227
四、R 語言程式說明 229
五、實驗步驟 230
六、實驗結果 248

第 13 堂課　使用 Node-RED 建立 HTTP 服務

249

一、實驗目的 250
二、實驗設備 250
三、Node-RED 應用程式重點說明 251
四、實驗步驟 252
五、實驗結果 266

第 14 堂課　IoT 服務裝置註冊介紹　269

一、實驗目的 270
二、實驗設備 270
三、IBM Bluemix IoT 服務重點說明 271
四、實驗步驟 272
五、實驗結果 281

第 15 堂課 物聯網專題實作 —— Node-RED 雲端應用程式 283

一、實驗目的 284
二、實驗設備 285
三、實驗配置 285
四、重點語法 288
五、Arduino 程式 290
六、實驗步驟 294
七、實驗結果 305

第 16 堂課 物聯網專題實作 —— 自走車訂閱 資訊 307

一、實驗目的 308
二、實驗設備 309
三、實驗配置 310
四、重點語法 313
五、Arduino 程式 314
六、實驗步驟 319
七、實驗結果 327

第 17 堂課 物聯網專題實作 —— 機器手臂訂 閱資訊 331

一、實驗目的 332
二、實驗設備 333
三、實驗配置 334

四、重點語法 337

五、Arduino 程式 339

六、實驗步驟 344

七、實驗結果 353

第 18 堂課　物聯網專題實作──手機應用 357

一、實驗目的 358

二、實驗設備 359

三、實驗配置 359

四、重點語法 363

五、APP 程式 366

六、Node-RED 應用程式實驗步驟 371

七、Android 手機實驗步驟 376

八、Android 手機實驗結果 383

九、iPhone 手機實驗步驟 385

十、iPhone 手機實驗結果 391

十一、同時開啟 Android 手機與 iPhone 手機

.... 393

CHAPTER ▶▶ ▶

環境建置

　　《物聯網實作：工業 4.0 基礎篇》主要是介紹開發物聯網專題常用到的一些技術，包括 Arduino 設計、人機介面遠端監控、HTTP（HyperText Transfer Protocol）應用與 MQTT（Message Queuing Telemetry Transport）應用、感測器、馬達控制與行動裝置 APP 開發等，如圖 1-1 所示。期望讀者在閱讀完本書之後，能自行完成一個物聯網實作專題。

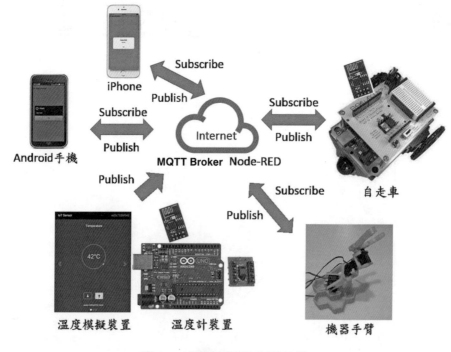

圖 1-1　物聯網實作專題架構

　　本書主要分兩個主題，第一個主題是傳統 HTTP 用戶與主機的通訊模式（Client-server Mode）。需建立 HTTP 伺服端（Server），並設計用戶端（Client）程式去跟伺服端要資料（提出請求），伺服端會有回應至該用戶端，如圖 1-2 所示。

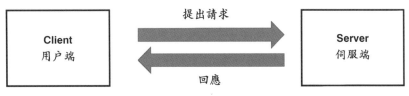

圖 1-2　HTTP 用戶端與伺服端通訊模式

　　第二個主題是使用 IBM Bluemix 提供的 IoT 服務，提供了 MQTT Broker，讀者需設計 MQTT Client 端的程式，將裝置資料發布（Publish）至 MQTT Broker，或是跟 MQTT Broker 訂閱（Subscribe）資料，如圖 1-3 所示。MQTT 非常適合行動應用，因為它資料封包很小，同時能夠有效地把資訊遞送到一個或多個接收裝置。

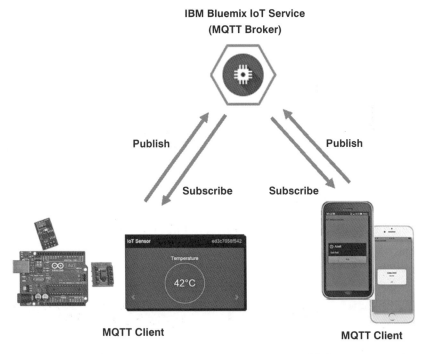

此圖截自 **IBM Bluemix** 網站

圖 1-3　MQTT Publish 與 Subscribe

3

　　本書所使用的硬體裝置，包括 Arduino Uno 開發板、Arduino Mega 2560 開發板、Arduino Ethernet Shield 乙太網路擴充板、PCP 嵌入式國際認證專用平台的 Arduino Shield 擴充板、ESP8266 UART 轉 WiFi 模組、MG90S 伺服馬達（舵機）、四軸機器手臂、ABB Car 機器人、SHT11 溫濕度感測器、電腦、iPhone 手機與 HTC 手機，如圖 1-4 所示。

Arduino Uno　　Arduino Mega 2560　Arduino Ethernet Shield　ABB Car機器人

ESP8266　　　　SHT11
UART 轉WiFi模組　溫濕度感測器　　四軸機器手臂　　HTC手機　　iPhone

圖 1-4　　本書所使用之硬體裝置

　　本書所使用的軟體，包括了 Visual Studio 2012、Arduino IDE 1.65 版、Window 8 作業系統、OSX 作業系統、Ubuntu Linux 作業系統、Eclipse Luna 軟體、Java 7、Android 5.0（API Level 21）、IBM MobileFirst Platform Studio 7.1、Xcode 7 與 Node-RED，各軟體之說明整理如表 1-1。

表 1-1　　本書所使用之軟體說明

軟體	說明
Visual Studio 2012	使用 VC# 設計人機介面。
Arduino IDE 1.65	設計 HTTP Server 與 MQTT Client 等裝置之程式。
Ubuntu Linux 作業系統	更新 ESP8266 韌體時使用。

軟體	說明
Window 作業系統、Eclipse Luna 軟體、Java 7、Android 5.0（API Level 21）、IBM MobileFirst Platform Studio 7.1	Window 版電腦，使用 HTML5 設計 Android 行動裝置之 APP 環境。
OSX 作業系統、Eclipse Luna 軟體、Java 7、Android 5.0（API Level 21）、IBM MobileFirst Platform Studio 7.1、Xcode	Mac 電腦，使用 HTML5 設計 iPhone 之 APP 環境。
Node-RED	一種適用於物聯網之視覺化工具，能將多個硬體裝置、多項 API 與多項在線服務連結的應用程式，是一種基於瀏覽器的流程編輯器。

　　本書主要以專題的形式，運用目前最流行的 Arduino 開發板搭配網路模組，實現多項物聯網專題，以實際案例讓讀者快速體驗物聯網各項技術。書內所使用的程式語言，包含 VC#、Arduino、R 語言、HTML5 與 Javascript。只需要學過基礎的 C 語言，參照本書循序漸進，必可創造出自己的物聯網系統。

第 **2** 堂課

伺服機（舵機）控制

一、實驗目的

二、實驗設備

三、實驗配置

四、伺服機控制說明

五、程式流程圖

六、重點語法說明

七、Arduino程式

八、實驗步驟

九、實驗結果

一、實驗目的

透過從序列埠監控視窗輸入字串的方式，將控制的訊號傳送給180°伺服機(舵機)，控制伺服機的角度。使用者可以透過此方式，了解180°伺服機基本的控制方式，及不同的參數調配與伺服機角度變化的關係，如圖2-1所示。

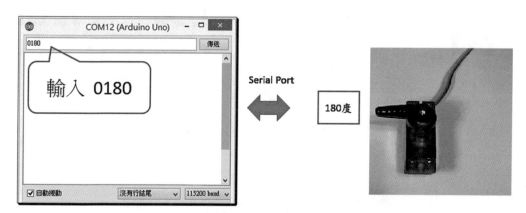

圖 2-1　序列埠監控視窗控制伺服機（舵機）

二、實驗設備

伺服機控制實驗設備為一台電腦、一個 Arduino Uno 板、一個 Arduino 擴充板與一個 180° 伺服機（舵機）MG90S，如圖2-2所示。

Arduino UNO

Arduino 擴充板

MG90S伺服機

圖 2-2　伺服機控制實驗設備

三、實驗配置

　　將擴充板裝置於 Arduino 板上，因為擴充板上有提供 4 個馬達接頭，訊號線分別來自 Arduino Uno 上的 10、11、12、13 腳。本範例將伺服機接線連至擴充板右上方 10 號馬達接頭，將電腦與 Arduino Uno 開發板間以 USB 線連接，如圖 2-3 所示，注意馬達顏色最深的線是接 GND。

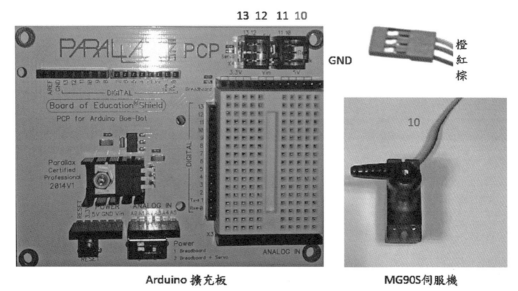

圖 2-3　伺服機控制實驗配置

四、伺服機控制說明

　　本實驗以 MG90S 伺服機為例，MG90S 伺服機規格整理如表 2-1 所示，表 2-2 為伺服機控制預期實驗結果。

表 2-1　MG90S 伺服機規格

型號編號	MG90S
產品尺寸	23×12.2×29mm

型號編號	MG90S
產品淨重	14g
產品扭矩	2.4kg/cm(4.8V) 2.8kg/cm(6V)
產品速度	0.11sec/60°(4.8V) 0.09sec/60°(6.0V)
工作電壓	4.8~6V
工作溫度	0~55℃
轉動角度	最大 180 度
動作死區	5μs

表 2-2　伺服機控制預期實驗結果

伺服機角度	圖示
0 度	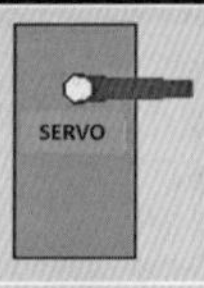
90 度	
180 度	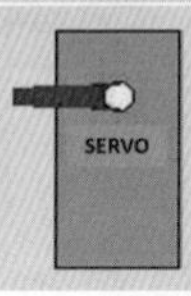

五、程式流程圖

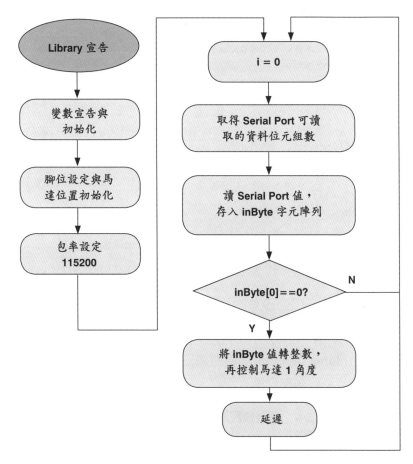

圖 2-4　伺服機控制 Arduino 程式流程圖

六、重點語法說明

表 2-3　伺服機控制 Arduino 程式重點語法說明

Arduino 語法	說明	範例
Serial.begin ( )	開啟 Serial Port 並設定通訊速率 (Baud Rate)。	Serial.begin (115200);

Arduino 語法	說明	範例
Serial.print ( )	傳送資料到電腦。	Serial.print ("OK");
Serial.available ( )	取得 Serial Port 可讀取的資料位元組數目，如果 Serial Port 有資料進來，Serial.available( ) 會回傳大於 0 的數值。	Serial.available ( );
Serial.read()	讀取接收的字元。	cc=Serial.read();
char inByte[4]	宣告字元串。	char inByte[4] ={'0','1','2','0'};字元串 inByte[4] 值為 {'0','1','2','0'}
atoi()	字元串轉換成整數的函數。	atoi({'0','1','2','0'}); 結果為整數 120
int pos1 = atoi(inByte);	將 inByte 轉成整數。	char inByte[4] ={'0','1','2','0'};int pos1 = atoi(inByte);則 pos1 為整數值 120
myservo1.write(pos1)	控制伺服機角度在 pos1 處。	myservo1.write(90)

七、Arduino 程式

伺服機控制 Arduino 程式與說明整理如表 2-4。主要功能是收序列埠訊息，轉換成角度值（整數）去控制伺服機。

表 2-4　伺服機控制 Arduiono 程式與說明

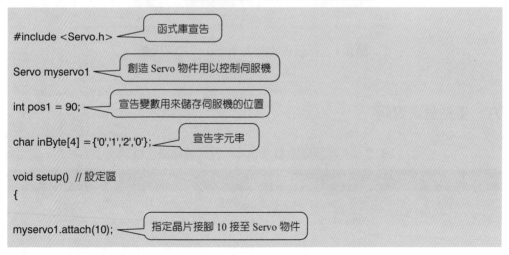

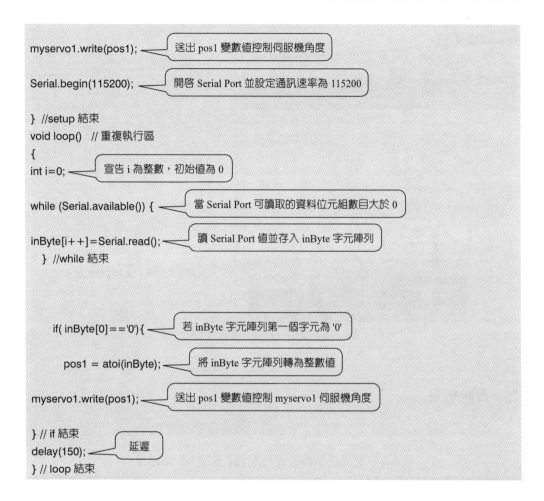

```
myservo1.write(pos1);          送出 pos1 變數值控制伺服機角度

Serial.begin(115200);          開啟 Serial Port 並設定通訊速率為 115200

} //setup 結束
void loop()   // 重複執行區
{
int i=0;                       宣告 i 為整數，初始值為 0

while (Serial.available()) {    當 Serial Port 可讀取的資料位元組數目大於 0

inByte[i++]=Serial.read();      讀 Serial Port 值並存入 inByte 字元陣列
  } //while 結束



if( inByte[0]=='0'){            若 inByte 字元陣列第一個字元為 '0'

    pos1 = atoi(inByte);        將 inByte 字元陣列轉為整數值

myservo1.write(pos1);          送出 pos1 變數值控制 myservo1 伺服機角度

} // if 結束
delay(150);                    延遲
} // loop 結束
```

八、實驗步驟

根據表 2-4 內容編輯完程式之後存成 Exam2-1，進行驗證成功後，上傳至 Arduino Uno 開發板，開啟序列埠監控視窗，選擇 Baud Rate 為 115200，再於序列埠監控視窗輸入 0180，按「傳送」鍵。電腦就會透過序列埠將字串 0180 傳送至 Arduino 開發板來控制伺服機，伺服機控制實驗步驟整理可見圖 2-5。

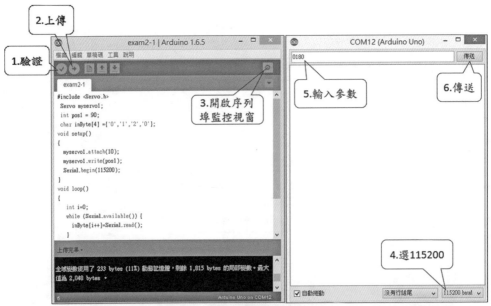

圖 2-5　伺服機控制實驗步驟

九、實驗結果

從序列埠監控視窗輸入不同的字串會看到伺服機角度變化。

表 2-5　使用序列埠控制伺服機（舵機）實驗結果

傳送文字	伺服機角度	結果
0000	0 度	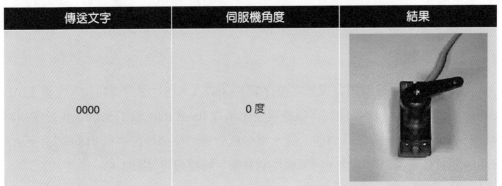

傳送文字	伺服機角度	結果
0090	90 度	
0180	180 度	

補充站

雖然廠牌不同，但各種伺服機通常以 1.5ms（毫秒）為基準來控制伺服機的正逆轉。小於 1.5ms 的正脈波會使伺服機逆轉，大於 1.5ms 的正脈波會使伺服機正轉，而其 PWM 總週期一致設定為 20ms。然而這些數值是否皆為固定不可更改？是絕對的時間數值重要還是相對的工作週期重要？

現今我們早已習慣用價格便宜且可精確控制時脈的單晶片控制馬達轉速或角度，但馬達的出現遠早於單晶片的大量運用，那前人是如何控制馬達？得用到一個特殊的元件——矽控整流器（SCR）。SCR 是個比雙載子電晶體（BJT）還要複雜的半導體元件，由四層的 PN 半導體構成，通常搭配著可變電阻旋轉（也就是用旋鈕旋轉），即可控制通過的相位角度，改變輸出的脈波寬度或是等校的平均電壓。沒錯，日常生活中最常見到的 SCR 運用，就是可用轉鈕調整燈光亮度的調光器。

回歸到馬達的控制，脈波的絕對寬度是重要且不可隨意更改的，但其總週期實際可在 15ms~25ms 之間變動，並不太重要，而選定此範圍則是搭配著市電的交流週期產生週期性脈波，以便在世界各地使用。為何眾人皆設定在 20ms 形成慣例？一來可能是方便計算產生週期，二來則是因循承襲日本的技術規格，其市電頻率為 50Hz，恰好為 20ms。

牛刀小試

( ) 1.以下何者非伺服馬達常見的擺動角度？　(A) 0°~180°　(B) 30°~150°
　　(C) 45°~145°　(D) 0°~360°

( ) 2.通訊常用的鮑率（Baud Rate）有：　(A) 9600 bps　(B) 38400 bps
　　(C) 115200 bps　(D) 以上皆是

第
3
堂
課

四軸機器手臂控制

一、實驗目的

二、實驗設備

三、實驗配置

四、預期實驗結果

五、程式流程圖

六、重點語法說明

七、Arduino程式

八、實驗步驟

九、實驗結果

一、實驗目的

透過序列埠監控視窗輸入的方式，將控制的訊號傳送給四軸機器手臂，控制四個伺服機的角度。使用者可以透過此方式，了解機器手臂基本的控制方式，及不同的參數調配與四軸機器手臂姿態的關係。

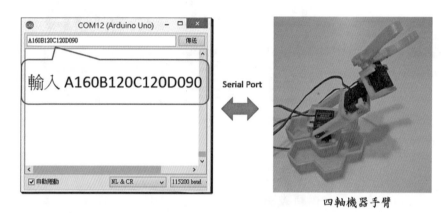

圖 3-1　四軸機器手臂控制

二、實驗設備

電腦一台、Arduino Uno 板一個、Arduino 擴充板一個、5V3A 變壓器、四個 180° 伺服機（舵機）MG90S 與桿件組成的四軸機器手臂。

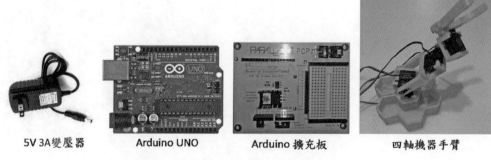

圖 3-2　四軸機器手臂控制實驗設備

三、實驗配置

　　將擴充板裝置於 Arduino 板上，由於擴充板上提供有 4 個馬達接頭，訊號線分別來自 Arduino Uno 上的 10、11、12、13 腳。本範例將四個伺服機分別接至擴充板右上方 10、11、12、13 腳號馬達接頭，電腦與 Arduino Uno 開發板間以 USB 線連接，並將 Arduino Uno 板接 5V 3A 變壓器，注意馬達顏色最深的線是接 GND。

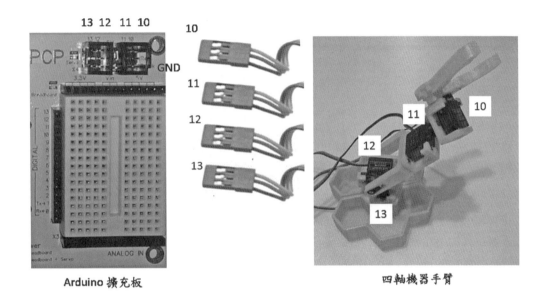

Arduino 擴充板　　　　　　　　　　　　四軸機器手臂

圖 3-3　　四軸機器手臂控制實驗配置

四、預期實驗結果

　　以序列埠監控視窗送出參數調整機器手臂角度，如圖 3-4 所示，四軸機器手臂控制預期實驗結果整理如表 3-1。

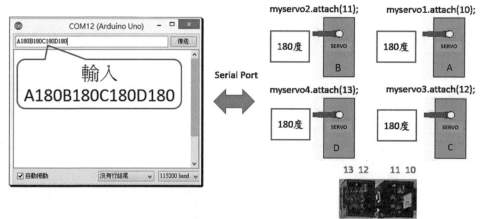

圖 3-4　四軸機器手臂控制預期實驗結果

表 3-1　四軸機器手臂控制預期成果

傳送文字	伺服機 （接 Pin 10）	伺服機 （接 Pin 11）	伺服機 （接 Pin 12）	伺服機 （接 Pin 13）
A180B180C180D180	180 度	180 度	180 度	180 度
B180A090D080C0000	90 度	180 度	0 度	80 度
A080	80 度	不變	不變	不變
B000	不變	0 度	不變	不變
C010	不變	不變	10 度	不變
D120	不變	不變	不變	120 度

五、程式流程圖

　　從序列埠收到的字串中，解析出控制各伺服機的控制角度，再進行伺服機的控制，四軸機器手臂控制 Arduino 程式流程圖如圖 3-5。

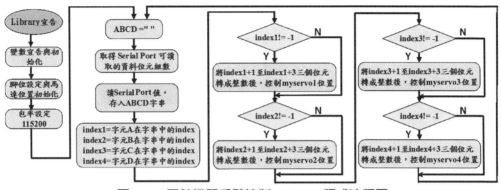

圖 3-5　四軸機器手臂控制 Arduino 程式流程圖

六、重點語法說明

　　四軸機器手臂控制的 Arduino 程式中，會使用到在字串中尋找特定字元位置的程式，程式說明見表 3-2。

表 3-2　在字串中尋找特定字元位置的 Arduino 程式說明

Arduino 程式語法	說明	範例
indexOf()	找出字串中某個特定的字元的第一個序號。	String ABCD ="A180B090D120C030"; int index3 = ABCD.indexOf('C'); 會得到 index3 為 12 的結果。

　　本範例從序列埠收到的字元存入字串 ABCD，若 ABCD 中有字元 A，則 A 字元後面的三個位元轉成整數，如表 3-3，再去用此數字控制伺服機 myservo1 位置。因為字元 0 對應的 ASCII 碼是 10 進制的 48，所以用其他字元的 ASCII 碼減去 48 就可以知道是數字幾的字元。

表 3-3　A 後面 3 個字元轉成整數

字串	A	1	8	0
序號	index1	index1+1	index1+2	index1+3
轉成整數		(ABCD[index1+1]-48)*100	(ABCD[index1+2]-48)*10	(ABCD[index1+3]-48)*1
合併整數		(ABCD[index1+1]-48)*100+(ABCD[index1+2]-48)*10+(ABCD[index1+3]-48)*1		

　　若 ABCD 中有字元 B，則 B 字元後面的三個位元轉成整數，如表 3-4 所示，再用此數字控制伺服機 myservo2 位置。

表 3-4　B 後面 3 個字元轉成整數

字串	B	0	9	0
序號	index2	index2+1	index2+2	index2+3
轉成整數		(ABCD[index2+1]-48)*100	(ABCD[index2+2]-48)*10	(ABCD[index2+3]-48)*1
合併整數		(ABCD[index2+1]-48)*100+(ABCD[index2+2]-48)*10+(ABCD[index2+3]-48)*1		

　　若 ABCD 中有字元 C，則 C 字元後面的三個位元轉成整數，再去用此數字控制伺服機 myservo3 位置。

表 3-5　C 後面 3 個字元轉成整數

字串	C	0	0	5
序號	index3	index3+1	index3+2	index3+3
轉成整數		(ABCD[index3+1]-48)*100	(ABCD[index3+2]-48)*10	(ABCD[index3+3]-48)*1
合併整數		(ABCD[index3+1]-48)*100+(ABCD[index3+2]-48)*10+(ABCD[index3+3]-48)*1		

　　若 ABCD 中有字元 D，則 D 字元後面的三個位元轉成整數，再用此數字控制伺服機 myservo4 位置。

表 3-6　D 後面 3 個字元轉成整數

字串	D	1	2	0
序號	index4	index4+1	index4+2	index4+3
轉成整數		(ABCD[index4+1]-48)*100	(ABCD[index4+2]-48)*10	(ABCD[index4+3]-48)*1
合併整數		(ABCD[index4+1]-48)*100+(ABCD[index4+2]-48)*10+(ABCD[index4+3]-48)*1		

七、Arduino 程式

　　四軸機器手臂控制 Arduino 程式與說明整理如表 3-7。主要功能是接收序列埠訊息，轉換成字串，再從字串中找出 A 或 B 或 C 或 D，再從 A、B、C、D 後面的三個位元轉換成整數，去分別控制四個伺服機的角度。

表 3-7　伺服機控制 Arduino 程式與說明

```
#include <Servo.h>        Library 宣告
 Servo myservo1;
 Servo myservo2;
 Servo myservo3;
 Servo myservo4;          伺服機變數宣告與初始角度設定
 int pos1 = 90; int pos2 = 90;
 int pos3 = 90; int pos4 = 90;
 void setup()
 {
  myservo1.attach(10);   //A    腳位設定與馬達位置初始化
  myservo2.attach(11);   //B
  myservo3.attach(12);   //C
  myservo4.attach(13);   //D
  myservo1.write(pos1);
  myservo2.write(pos2);
  myservo3.write(pos3);
  myservo4.write(pos4);
 Serial.begin(115200);        包率設定 115200
 }   //end setup
 void loop()
 {
  String ABCD ="";             宣告字串 ABCD
  while (Serial.available()) {   當 Serial Port 可讀取的資料位元組數目大於 0
   char cc=Serial.read();
    ABCD += cc;                將讀取的資料存入字串 ABCD 中
  } //end while

  int32_t index1 = ABCD.indexOf("A");    字元 A 在字串中的 index
  int32_t index2 = ABCD.indexOf("B");    字元 B 在字串中的 index
  int32_t index3 = ABCD.indexOf("C");    字元 C 在字串中的 index
  int32_t index4 = ABCD.indexOf("D");    字元 D 在字串中的 index


                                若字串中有 A
 if (index1 != -1)
  {
```

```
        pos1 = (ABCD[index1+1]-48)*100+ (ABCD[index1+2]-48)*10+
     (ABCD[index1+3]-48);          將 A 後面三字元轉成整數

        myservo1.write(pos1);       控制 myservo1 伺服機角度
          } // if 結束

                                 若字串中有 B

     if (index2 != -1)
        {
     pos2 = (ABCD[index2+1]-48)*100+(ABCD[index2+2]-48)*10+
        (ABCD[index2+3]-48);        將 B 後面三字元轉成整數

     myservo2.write(pos2);          控制 myservo2 伺服機角度
          } // if 結束

                                 若字串中有 C

        if (index3 != -1)
        {
     pos3 = (ABCD[index3+1]-48)*100+(ABCD[index3+2]-48)*10+
     (ABCD[index3+3]-48);           將 C 後面三字元轉成整數

        myservo3.write(pos3);       控制 myservo3 伺服機角度
          } // if 結束

                                 若字串中有 D

        if (index4 != -1)
        {
     pos4 = (ABCD[index4+1]-48)*100+ (ABCD[index4+2]-48)*10+
     (ABCD[index4+3]-48);           將 D 後面三字元轉成整數

        myservo4.write(pos4);       控制 myservo4 伺服機角度
          } // if 結束
     delay (500);
     } // loop 結束
```

八、實驗步驟

　　四軸機器手臂控制實驗步驟整理如圖 3-6。編輯完程式之後先進行驗證，再上傳至 Arduino Uno 開發板，開啓序列埠監控視窗，選擇 Baud Rate 為 115200，於序列埠監控視窗輸入 A180B000C060D120，按「傳送」鍵，電腦就會透過序列埠將字串 A180B000C060D120 傳送至 Arduino 開發板來控制四軸機器手臂。

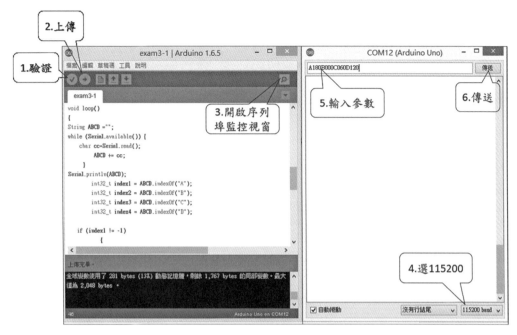

圖 3-6　四軸機器手臂控制實驗步驟

九、實驗結果

從序列埠監控視窗輸入不同的字串，會看到伺服機角度變化，整理如表 3-8。

表 3-8　四軸機器手臂控制實驗結果

實驗順序	傳送文字	四軸機器手臂角度	圖示
0	預設	myservo1:90 度 myservo2:90 度 myservo3:90 度 myservo4:90 度	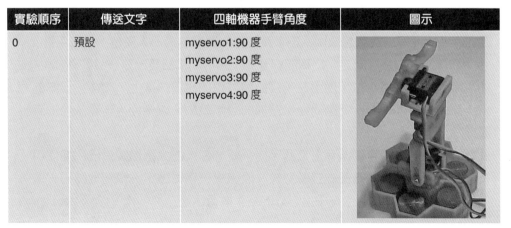

實驗順序	傳送文字	四軸機器手臂角度	圖示
1	A180B090C090D090	myservo1:180 度 myservo2:90 度 myservo3:90 度 myservo4:90 度	
2	A120B180C030	myservo1:120 度 myservo2:180 度 myservo3:30 度 myservo4: 不變	
3	D030	myservo1: 不變 myservo2: 不變 myservo3: 不變 myservo4:30 度	

補充站

機器人最早出現在 1921 年，捷克科幻作家卡雷爾·恰佩克的《羅素姆的萬能機器人》（Rossum's Universal Robots）一書中。不過，影視中活靈活現的機器人還是僅存在實驗室或人類想像中，現今真正踏入實用的機器人僅是「機械手臂」。

1956 年，具有機械手臂之父之稱的約瑟夫·恩格伯格研發出第一台名為 Unimate 的工業用機械手臂，並被應用在美國通用汽車的壓鑄作業上。爾後，日本的汽車工業大量導入機械手臂應用在生產線的各階段中，以減輕人力需求並提高生產效率。

此外，著名的機械手臂還有達文西手術系統，台灣的大型醫院皆已引進使用。持刀醫生可以直接觀看三維立體影像，操控機械手臂穩定、精密地動刀，還可搭配網路及視訊，讓醫生為千里之外的病人進行手術。

牛刀小試

（　　）1.若將英文字母依序排列成一字串 English，則 English.indexOf（"Z"）傳回的值為？　(A) 25　(B) 26　(C) 27　(D) 以上皆非

（　　）2.若將數字由 0~9 依序排列成一字串 Math，則 Math.indexOf（"7"）傳回的值為？　(A) 6　(B) 7　(C) 8　(D) 以上皆非

第4堂課

人機介面控制四軸機器手臂

一、實驗目的

二、實驗設備

三、實驗配置

四、預期實驗結果

五、人機介面設計說明

六、重點語法說明

七、VC#程式編輯步驟

八、實驗結果

一、實驗目的

　　本章節將透過人機介面的方式，將控制的訊號傳送給四軸機器手臂，控制四個伺服機的角度。使用者可以藉此了解人機介面程式設計，以及軟體與硬體之間的溝通方式。本章範例是配合第三堂課的四軸機器手臂控制方式來設計電腦端的人機介面，讓使用者能更容易控制機器手臂姿態。以下將說明如何編寫 VC#，進行如在 Arduino 序列埠監控視窗上所見的簡單輸入，並以人機介面控制四軸機器手臂。

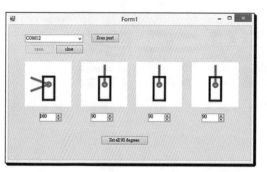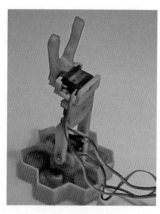

四軸機器手臂

圖 4-1　人機介面控制四軸機器手臂

二、實驗設備

　　電腦一台、Visual Studio 2012 以上 C# 的 Windows Form 應用程式、Arduino Uno 板一個、Arduino 擴充板一個、5V 3A 變壓器一個、四個伺服機 MG90S 與桿件組成之機器手臂，Visual Studio 2012 是用來設計 PC 上執行的人機介面。

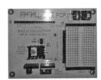

Arduino 擴充板　　　四軸機器手臂

Arduino UNO　　　5V 3A變壓器

圖 4-2　　人機介面控制四軸機器手臂實驗設備

三、實驗配置

　　將擴充板裝置於 Arduino 板上，擴充板上有提供 4 個馬達接頭，訊號線分別來自 Arduino Uno 上的 10、11、12、13 腳。本範例將四個伺服機分別接至擴充板右上方 10、11、12、13 腳號馬達接頭。電腦與 Arduino Uno 開發板間以 USB 線連接，並將 Arduino Uno 板接 5V 3A 變壓器，如圖 4-3 所示，注意馬達顏色最深的線是接 GND。

四、預期實驗結果

　　四軸機器手臂端的是由 Arduino Uno 板接透過序列埠接收指令來控制機器手臂姿態，人機介面控制四軸機器手臂預期實驗結果整理如圖 4-4 所示。

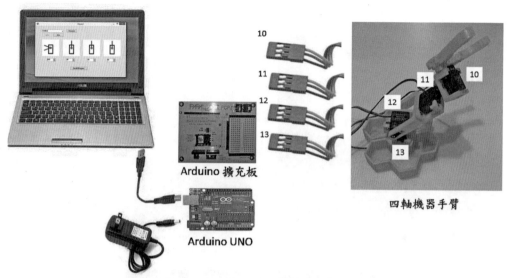

圖 4-3　人機介面控制四軸機器手臂實驗配置

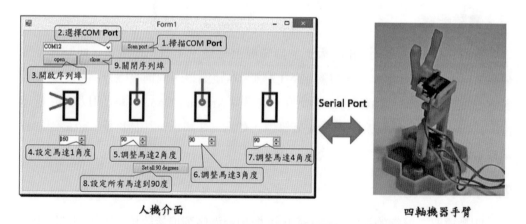

圖 4-4　人機介面控制四軸機器手臂預期實驗結果

五、人機介面設計說明

　　本範例是配合第三堂課的四軸機器手臂控制方式來設計電腦端的人機介面，人機介面設計說明與重要屬性設定整理如表 4-1 所示。

表 4-1　人機介面設計說明

Name / 外觀	物件	重要屬性設定	說明
Scanport 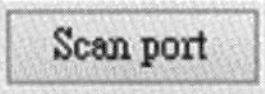 Scan port	Button	Text : Scan Port Name : scanport	掃描序列埠。
comboBox1 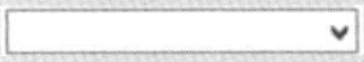	comboBox	Name : comboBox1	下拉式清單方塊。
open 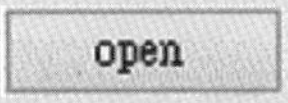 open	Button	Text : open Name : open	開啓序列埠。
close close 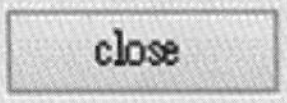	Button	Text : close Name : close	關閉序列埠。
button1 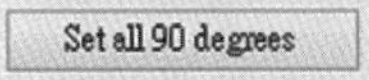 Set all 90 degrees	Button	Text : Set all 90 degrees Name : button1	設定所有馬達至回至初始位置，例如 90 度。
pictureBox1	pictureBox	Size : 124, 116 Name : pictureBox1	圖示顯示馬達 1 角度。
pictureBox2 	pictureBox	Size : 124, 116 Name : pictureBox2	圖示顯示馬達 2 角度。
pictureBox3 	pictureBox	Size : 124, 116 Name : pictureBox3	圖示顯示馬達 3 角度。
pictureBox4 	pictureBox	Size : 124, 116 Name : pictureBox4	圖示顯示馬達 4 角度。
numericUpDown1  90	numericUpDown	Value : 90 Increment : 10 Maximum : 180 Minimum : 0	控制馬達 1 角度。
numericUpDown2  90	numericUpDown	Value : 90 Increment : 10 Maximum : 180 Minimum : 0	控制馬達 2 角度。

Name／外觀	物件	重要屬性設定	說明
numericUpDown3 90	numericUpDown	Value：90 Increment：10 Maximum：180 Minimum：0	控制馬達3角度。
numericUpDown4 90	numericUpDown	Value：90 Increment：10 Maximum：180 Minimum：0	控制馬達4角度。
serialPort1 serialPort1	serialPort	BaudRate：115200 Name：serialPort1	設定序列埠傳輸格式。

　　操作人機介面步驟為：先按 Scan port 鍵掃描可用的序列埠→由下拉選單選擇出與 Arduino 連接的序列埠→按 open 鍵開啟所選擇的序列埠→分別調整馬達角度→按 Set all 90 degrees 鍵將所有馬達角度設定在 90 度→按 Close 鍵可關閉序列埠，人機介面程式流程如圖 4-5 所示。

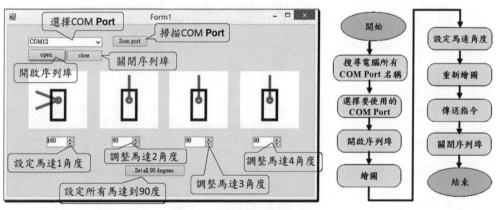

圖 4-5　人機介面程式流程

六、重點語法說明

　　Visual Studio C# 的 Windows Form 應用程式專案中，使用 COM Port 通訊人機介面重點語法說明整理於表 4-2，Visual Studio C# 在 Form 上面繪圖的重要語法說明整理於表 4-3。

表 4-2　使用 COM port 通訊人機介面重點語法說明

VC# 語法	說明
using System.IO.Ports;	使用 System.IO.Ports 中定義的序列埠使用的相關類別。
serialPort1.Open();	開啓序列埠。
serialPort1.Close();	關閉序列埠。
serialPort1.Write（"A090B090C090D090"）;	使用序列埠傳送文字指令。

表 4-3　在 Form 上面繪圖的重要語法說明

VC# 語法	說明
using System.Drawing;	使用 System.Drawing 定義的繪圖相關類別。
Graphics gra = pictureBox4.CreateGraphics();	當在表單或控制項建立 Graphics 物件後，就可以在表單或控制項中繪圖，包括：繪製文字、直線、矩形等。
Pen myPen = new Pen (Color.Red, 5);	新增 Pen 物件，想像他是紅色的筆，筆畫線條粗細調整為 5。
gra.Clear (Color.White);	以白色清除畫面。
gra.DrawEllipse (myPen, x, y, width, height);	畫橢圓。
gra.DrawLine (myPen, initialx, initialy, endx, endy);	畫直線。
gra.DrawRectangle (Pen2, initialx, initialy, rectanglewidth, rectangleheight);	畫矩形。

有關繪圖的變數說明如圖 4-6 所示。（initialx, initialy）為直線起點，（endx, endy）為直線終點，直線長度為 rod_lebgth。矩形寬為 rectanglewidth，矩形高為 rectanglewidth。

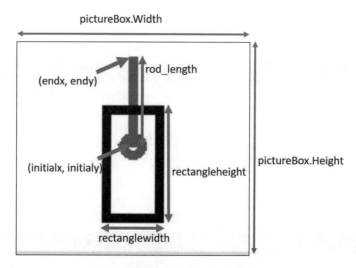

圖 4-6　有關繪圖區的變數說明

有關繪圖區直線終點至起點與角度之關係如圖 4-7 所示。

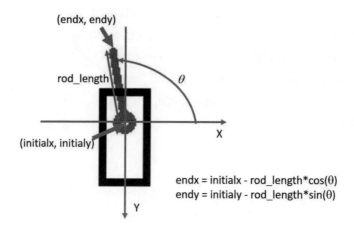

endx = initialx - rod_length*cos(θ)
endy = initialy - rod_length*sin(θ)

圖 4-7　有關繪圖區直線終點至起點與角度之關係

七、VC# 程式編輯步驟

表 4-4　VC# 程式編輯步驟

步驟	說明
1	新建專案。
2	增加 serialPort 物件 🔌 serialPort1 。
3	增加更多物件。
4	開始編寫程式碼。
5	編輯 scanport 物件 🔌 serialPort1 觸發程式。
6	編輯 open 物件 [open] 觸發程式。
7	編輯 close 物件 [close] 觸發程式。
8	編輯 numericUpDown1 物件 [90 ⬍] 觸發程式。
9	編輯 numericUpDown2 物件 [90 ⬍] 觸發程式。
10	編輯 numericUpDown3 物件 [90 ⬍] 觸發程式。
11	編輯 numericUpDown4 物件 [90 ⬍] 觸發程式。
12	編輯 button1 物件 [Set all 90 degrees] 觸發程式。
13	上傳 Arduino 程式至 Arduino Uno 開發板。
14	執行 VC# 操控機器手臂。

1. 新建專案

File →新增→專案→選取其他語言→ Visual C# →選取 Windows Form 應用程式→按「確定」，如圖 4-8 所示。

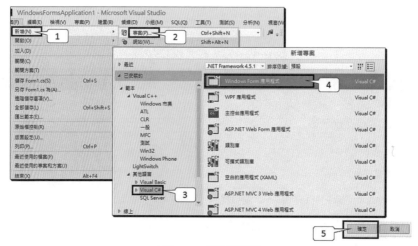

圖 4-8 新建專案

2. 增加 SerialPort 物件

以滑鼠拖曳工具箱中的 SerialPort 物件圖示至 Form1 視窗中，即可在 Form1 中新增 SerialPort 元件。選取 Form1 圖形視窗中的 SerialPort1 元件，修改屬性 BaudRate 為 115200，如圖 4-9。

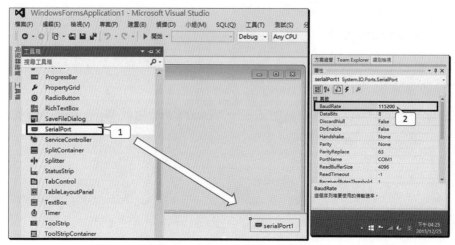

圖 4-9 加入 SerialPort 物件

3. 增加更多物件

根據表 4-1 加入物件與修改屬性，完成如圖 4-10 的 Form1。

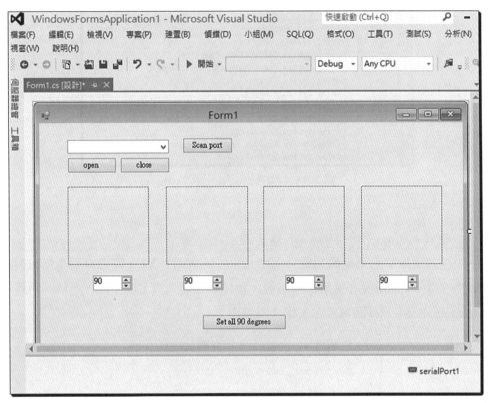

圖 4-10　人機介面加入物件

4. 開始編寫程式碼

開啟 Form1.cs 檔案，首先在檔案最上方加入 System.IO.Ports 命名空間，才能調用 COM Port，程式碼如圖 4-11。

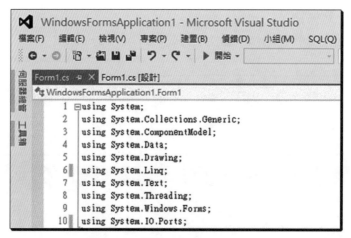

圖 4-11　加入 System.IO.Ports

5. 編輯 scanport 物件 ⟨ Scan port ⟩ 觸發程式

　　快速連續點擊兩下編輯視窗介面中 scanport 元件，VC# 將會自動產生按鍵觸發事件。當 scanport_Click 事件被觸發，會搜尋電腦所有 COM Port 名稱，再逐一加入 comboBox1 元件的項目中，程式碼如表 4-4。

表 4-4　scanport 物件觸發程式

```
private void scanport_Click(object sender, EventArgs e)
{
        comboBox1.Items.Clear();                          清除 comboBox1 項目

        foreach (string str in SerialPort.GetPortNames())
        {                                                 搜尋電腦所有 COM Port

            comboBox1.Items.Add(str);                     逐一加入 comboBox1 元件
        }
                                                          若 comboBox1 項目數大於 0
        if (comboBox1.Items.Count > 0)
        {
            comboBox1.SelectedIndex = 0;                  將項目 comboBox1 序號指定為 0
        }
        open.Enabled = true;                              將 open 物件致能
```

```
        close.Enabled = false;          將 close 物件禁能
}
```

6. 編輯 open 物件 [open] 觸發程式

　　快速連續點擊兩下編輯視窗介面中 open 元件，VC# 將會自動產生按鍵觸發事件。使用 comboBox1 中被選中的項目名稱，開啓 COM Port，再進行繪圖，程式碼如表 4-5。

表 4-5　open 物件觸發程式

```
private void open_Click(object sender, EventArgs e)
{       try
        {                                           使用 comboBox1 中被選中的項目名稱
                serialPort1.PortName = comboBox1.Text;
                                        開啓 COM Port
                serialPort1.Open();
                open.Enabled = false;       將 open 物件禁能
                close.Enabled = true;
                                        將 close 物件致能

        }
        catch       程式發生錯誤時
        {
                MessageBox.Show("COM OPEN ERROR");      訊息視窗顯示錯誤
        }
                                        創造畫布 4 繪圖物件
        Graphics gra4 = pictureBox4.CreateGraphics();
        // 新增 Pen 物件，想像他是一隻可畫出紅色的筆
        Pen myPen_red = new Pen(Color.Red, 5);
        // 清除畫布 4 為白色
        gra4.Clear(Color.White);

        double endx, endy;
        double endx2, endy2;
        double initialx, initialy;
```

```
initialx = pictureBox4.Width / 2;
```
設定畫布 4 中心點座標

```
initialy = pictureBox4.Height / 2;
```

設定矩形寬度

```
float rectanglewidth = 30;
```

設定矩形高度

```
float rectangleheight = 60;
```

```
int rod_length = 50;
```
設定圓形直徑

```
int circle = 10;
```

```
endx = initialx - rod_length * Math.Cos(90 * 3.14 / 180);
endy = initialy - rod_length * Math.Sin(90* 3.14 / 180);
```

於畫布 4 畫紅色橢圓

```
gra4.DrawEllipse(myPen_red, (float)(initialx - circle / 2),
(float)(initialy - circle / 2), circle, circle);
```

於畫布 4 畫紅色直線

```
gra4.DrawLine(myPen_red, (float)initialx, (float)initialy,
(float)endx, (float)endy);
// 新增 Pen 物件，想像他是一隻可畫出黑色的筆
Pen myPen_black = new Pen(Color.Black, 5);
```

於畫布 4 畫黑色矩形

```
gra4.DrawRectangle(myPen_black, (int)(initialx - rectanglewidth / 2),
(int)(initialy - 20), rectanglewidth, rectangleheight);
```

創造畫布 3 繪圖物件

```
Graphics gra3 = pictureBox3.CreateGraphics();
// 以白色清除畫布 3
gra3.Clear(Color.White);
initialx = pictureBox3.Width / 2;
```
設定畫布 3 中心點座標

```
initialy = pictureBox3.Height / 2;
endx = initialx - rod_length * Math.Cos(90 * 3.14 / 180);
endy = initialy - rod_length * Math.Sin(90* 3.14 / 180);
```
於畫布 3 畫紅色橢圓

```
gra3.DrawEllipse(myPen_red, (float)(initialx - circle / 2),
                 (float)(initialy - circle / 2), circle, circle);
```

於畫布 3 畫紅色直線

```
gra3.DrawLine(myPen_red, (float)initialx, (float)initialy,
(float)endx, (float)endy);
```

於畫布 3 畫黑色矩形

```
gra3.DrawRectangle(myPen_black, (int)(initialx - rectanglewidth / 2),
(int)(initialy - 20), rectanglewidth, rectangleheight);
```

創造畫布 2 繪圖物件

```
Graphics gra2 = pictureBox2.CreateGraphics();
// 清除畫布 2 為白色
gra2.Clear(Color.White);
initialx = pictureBox2.Width / 2;
initialy = pictureBox2.Height / 2;
```

設定畫布 2 中心點座標

```
endx = initialx - rod_length * Math.Cos(90 * 3.14 / 180);
endy = initialy - rod_length * Math.Sin(90 * 3.14 / 180);
```

於畫布 2 畫紅色橢圓

```
gra2.DrawEllipse(myPen_red, (float)(initialx - circle / 2),
                    (float)(initialy - circle / 2), circle, circle);
```

於畫布 2 畫紅色直線

```
gra2.DrawLine(myPen_red, (float)initialx, (float)initialy,
                (float)endx, (float)endy);
```

於畫布 2 畫黑色矩形

```
gra2.DrawRectangle(myPen_black, (int)(initialx - rectanglewidth / 2),
(int)(initialy - 20), rectanglewidth, rectangleheight);
```

創造畫布 1 繪圖物件

```
Graphics gra1 = pictureBox1.CreateGraphics();
gra1.Clear(Color.White);
initialx = pictureBox1.Width / 2;
initialy = pictureBox1.Height / 2;
```

設定畫布 1 中心點座標

```
endx = initialx - rod_length * Math.Cos(90 * 3.14 / 180);
endy = initialy - rod_length * Math.Sin(90 * 3.14 / 180);
/////////////////////////////////////
    endx2 = initialx + rod_length * Math.Cos( 90 * 3.14 / 180);
    endy2 = initialy + rod_length * Math.Sin( 90 * 3.14 / 180);
```

於畫布 1 畫紅色橢圓

```
gra1.DrawEllipse(myPen_red, (float)(initialx - circle / 2),
                    (float)(initialy - circle / 2), circle, circle);
```

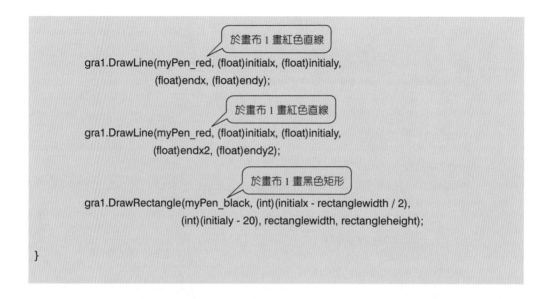

```
gra1.DrawLine(myPen_red, (float)initialx, (float)initialy,
            (float)endx, (float)endy);            [於畫布1畫紅色直線]

gra1.DrawLine(myPen_red, (float)initialx, (float)initialy,
            (float)endx2, (float)endy2);          [於畫布1畫紅色直線]

gra1.DrawRectangle(myPen_black, (int)(initialx - rectanglewidth / 2),
            (int)(initialy - 20), rectanglewidth, rectangleheight);   [於畫布1畫黑色矩形]

}
```

7. 編輯 close 物件 [close] 觸發程式

快速連續點擊兩下編輯視窗介面中 close 元件，VC# 將會自動產生按鍵觸發事件，執行關閉 COM Port，程式碼如表 4-6。

表 4-6 close 物件觸發程式

```
private void close_Click(object sender, EventArgs e)
{
        serialPort1.Close();     [關閉 COM Port]

                                 [將 open 物件致能]

        open.Enabled = true;
        close.Enabled = false;   [將 close 物件禁能]

}
```

8. numericUpDown1 物件 [90] 觸發程式

快速連續點擊兩下編輯視窗介面中 numericUpDown1 元件，VC# 將會自動產生數值改變觸發事件，會重新繪製畫布 1 之圖，再由序列埠送出以 A 開頭的字串，程式碼如表 4-7 所示。

表 4-7　numericUpDown1 物件觸發程式

```
privatevoid numericUpDown1_ValueChanged(object sender, EventArgs e)
{
```

創造畫布 1 繪圖物件

```
        Graphicsgra = pictureBox1.CreateGraphics();
        // 新增 Pen 物件，想像他是一隻可畫出紅色的筆
        Pen myPen_red = newPen(Color.Red, 5);
        // 以白色清除畫布 3
                        gra.Clear(Color.White);
        doubleendx, endy;
        double endx2, endy2;
        doubleinitialx, initialy;
        initialx = pictureBox1.Width / 2;
        initialy = pictureBox1.Height / 2;
        floatrectanglewidth = 30;
```

設定畫布 1 中心點座標

設定矩形寬度

```
        floatrectangleheight = 60;
        introd_length = 50;
        int circle = 10;
```

設定矩形高度

設定圓形直徑

```
        endx = initialx - rod_length * Math.Cos((double)(180-numericUpDown1.Value) * 3.14 /
        180);
        endy = initialy - rod_length * Math.Sin((double)(180-numericUpDown1.Value) * 3.14 /
        180);
///////////////////////////////////////////
        endx2 = initialx + rod_length * Math.Cos((double)(numericUpDown1.Value) * 3.14 / 180);
        endy2 = initialy + rod_length * Math.Sin((double)(numericUpDown1.Value) * 3.14 / 180);
```

於畫布 1 畫紅色橢圓

```
        gra.DrawEllipse(myPen_red, (float)(initialx - circle / 2), (float)(initialy - circle / 2), circle,
        circle);
```

于畫布 1 畫紅色直線

```
gra.DrawLine(myPen_red, (float)initialx, (float)initialy, (float)endx, (float)endy);
```

于畫布 1 畫紅色直線

```
gra.DrawLine(myPen_red, (float)initialx, (float)initialy, (float)endx2, (float)endy2);
// 新增 Pen 物件，想像他是一隻可畫出黑色的筆
Pen myPen_black = new Pen(Color.Black, 5);
```

于畫布 1 畫黑色矩形

```
gra.DrawRectangle(myPen_black, (int)(initialx - rectanglewidth / 2), (int)(initialy - 20),
rectanglewidth, rectangleheight);
```

判斷 numericUpDown1 是否僅為個位數

```
if (numericUpDown1.Value / 100 == 0 && numericUpDown1.Value / 10 == 0)
{
```

由序列埠傳送字串（"A00"+numericUpDown1 的數值）

```
    serialPort1.Write("A00" + Convert.ToString(numericUpDown1.Value));
}
```

判斷 numericUpDown1 是否為十位數

```
elseif (numericUpDown1.Value/100 == 1 && numericUpDown1.Value / 10 >= 1)
{
```

由序列埠傳送字串（"A0"+numericUpDown1 的數值）

```
    serialPort1.Write("A0" + Convert.ToString(numericUpDown1.Value));
}
else
```

若是 numericUpDown1 為百位數

```
{
```

由序列埠傳送字串（"A"+numericUpDown1 的數值）

```
    serialPort1.Write("A" + Convert.ToString(numericUpDown1.Value));
}
}
```

9. 編輯 numericUpDown2 物件 90 觸發程式

快速連續點擊兩下編輯視窗介面中 numericUpDown2 元件，VC# 將會自動產生數值改變觸發事件，會重新繪製畫布 2 之圖，再由序列埠送出以 B 開頭的字串，程式碼如表 4-8。

表 4-8　numericUpDown2 物件觸發程式

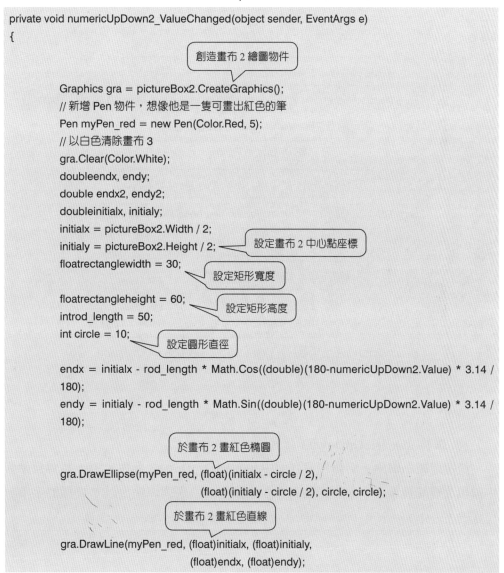

```
private void numericUpDown2_ValueChanged(object sender, EventArgs e)
{
                            創造畫布 2 繪圖物件

        Graphics gra = pictureBox2.CreateGraphics();
        // 新增 Pen 物件，想像他是一隻可畫出紅色的筆
        Pen myPen_red = new Pen(Color.Red, 5);
        // 以白色清除畫布 3
        gra.Clear(Color.White);
        doubleendx, endy;
        double endx2, endy2;
        doubleinitialx, initialy;
        initialx = pictureBox2.Width / 2;
        initialy = pictureBox2.Height / 2;      設定畫布 2 中心點座標
        floatrectanglewidth = 30;
                            設定矩形寬度

        floatrectangleheight = 60;
                            設定矩形高度
        introd_length = 50;
        int circle = 10;
                    設定圓形直徑

        endx = initialx - rod_length * Math.Cos((double)(180-numericUpDown2.Value) * 3.14 /
        180);
        endy = initialy - rod_length * Math.Sin((double)(180-numericUpDown2.Value) * 3.14 /
        180);

                        於畫布 2 畫紅色橢圓

        gra.DrawEllipse(myPen_red, (float)(initialx - circle / 2),
                            (float)(initialy - circle / 2), circle, circle);

                        於畫布 2 畫紅色直線

        gra.DrawLine(myPen_red, (float)initialx, (float)initialy,
                            (float)endx, (float)endy);
```

```
// 新增 Pen 物件，想像他是一隻可畫出黑色的筆
PenmyPen_black = newPen(Color.Black, 5);
```

於畫布 2 畫黑色矩形

```
gra.DrawRectangle(myPen_black, (int)(initialx - rectanglewidth / 2),
                               (int)(initialy - 20), rectanglewidth, rectangleheight);
```

判斷 numericUpDown2 是否僅為個位數

```
if (numericUpDown2.Value / 100 == 0 && numericUpDown2.Value / 10 == 0)
```

由序列埠傳送字串（"B00"+numericUpDown2 的數值）

```
{
    serialPort1.Write("B00" + Convert.ToString(numericUpDown2.Value));
}
```

判斷 numericUpDown2 是否為十位數

```
    elseif (numericUpDown2.Value/100 == 0&& numericUpDown2.Value / 10 >= 1)
```

由序列埠傳送字串（"B0"+numericUpDown2 的數值）

```
{
    serialPort1.Write("B0" + Convert.ToString(numericUpDown2.Value));

}
```

若是 numericUpDown2 為百位數

```
else
{
```

由序列埠傳送字串（"B"+numericUpDown2 的數值）

```
    serialPort1.Write("B" + Convert.ToString(numericUpDown2.Value));
}
}
```

10. 編輯 numericUpDown3 物件 90 觸發程式

快速連續點擊兩下編輯視窗介面中 numericUpDown3 元件，VC# 將會自動產生數值改變觸發事件，重新繪製畫布 3 之圖，再由序列埠送出以 C 開頭的字串，程式碼如表 4-9 所示。

表 4-9　numericUpDown3 物件觸發程式

```
private void numericUpDown3_ValueChanged(object sender, EventArgs e)
{
```

創造畫布 3 繪圖物件

```
    Graphics gra = pictureBox3.CreateGraphics();
    // 新增 Pen 物件，想像他是一隻可畫出紅色的筆
    Pen myPen_red = new Pen(Color.Red, 5);
    // 以白色清除畫布 3
    gra.Clear(Color.White);
    double endx, endy;
    double endx2, endy2;
    double initialx, initialy;
    initialx = pictureBox3.Width / 2;
```

畫布 3 中心點座標

```
    initialy = pictureBox3.Height / 2;
    floatrectanglewidth = 30;
```

設定矩形寬度

```
    floatrectangleheight = 60;
```

設定矩形高度

```
    int rod_length = 50;
    int circle = 10;
```

設定圓形直徑

```
    endx = initialx - rod_length * Math.Cos((double)(180-numericUpDown3.Value) * 3.14 / 180);
    endy = initialy - rod_length * Math.Sin((double)(180-numericUpDown3.Value) * 3.14 / 180);
```

於畫布 3 畫紅色橢圓

```
    gra.DrawEllipse(myPen_red, (float)(initialx - circle / 2),
                    (float)(initialy - circle / 2), circle, circle);
```

於畫布 3 畫紅色直線

```
    gra.DrawLine(myPen_red, (float)initialx, (float)initialy,
                 (float)endx, (float)endy);

    // 新增 Pen 物件，想像他是一隻可畫出黑色的筆
    Pen myPen_black = new Pen(Color.Black, 5);
```

於畫布 3 畫黑色矩形

```
    gra.DrawRectangle(myPen_black, (int)(initialx - rectanglewidth / 2),
                      (int)(initialy - 20), rectanglewidth, rectangleheight);
```

判斷 numericUpDown3 是否僅為個位數

```
if (numericUpDown3.Value / 100 == 0 && numericUpDown3.Value / 10 == 0)
{
```

由序列埠傳送字串（"C00"+numericUpDown3 的數值）

```
    serialPort1.Write("C00" + Convert.ToString(numericUpDown3.Value));
}
```

判斷 numericUpDown3 是否為十位數

```
elseif (numericUpDown3.Value/100 == 0&& numericUpDown3.Value / 10 >= 1)
{
```

由序列埠傳送字串（"C0"+numericUpDown3 的數值）

```
    serialPort1.Write("C0" + Convert.ToString(numericUpDown3.Value));

}
else
```

若 numericUpDown3 是百位數

```
{
```

由序列埠傳送字串（"C"+numericUpDown3 的數值）

```
    serialPort1.Write("C" + Convert.ToString(numericUpDown3.Value));
}
}
```

11. 編輯 numericUpDown4 物件 [90] 觸發程式

快速連續點擊兩下編輯視窗介面中 numericUpDown4 元件，VC# 將會自動產生數值改變觸發事件，重新繪製畫布 4 之圖，再由序列埠送出以 D 開頭的字串，程式碼如表 4-10 所示。

表 4-10　numericUpDown4 物件觸發程式

```
private void numericUpDown4_ValueChanged(object sender, EventArgs e)
{
```

創造畫布 4 繪圖物件

```
    Graphics gra = pictureBox4.CreateGraphics();
    // 新增 Pen 物件，想像他是一隻可畫出紅色的筆
```

```
Pen myPen_red = new Pen(Color.Red, 5);
// 以白色清除畫布 3
gra.Clear(Color.White);
double endx, endy;
double endx2, endy2;
double initialx, initialy;
initialx = pictureBox4.Width / 2;
initialy = pictureBox4.Height / 2;
float rectanglewidth = 30;
float rectangleheight = 60;
int rod_length = 50;
int circle = 10;

endx = initialx - rod_length * Math.Cos((double)(180-numericUpDown4.Value) * 3.14 /
180);
endy = initialy - rod_length * Math.Sin((double)(180-numericUpDown4.Value) * 3.14 /
180);

gra.DrawEllipse(myPen_red, (float)(initialx - circle / 2),
                          (float)(initialy - circle / 2), circle, circle);

gra.DrawLine(myPen_red, (float)initialx, (float)initialy,
                          (float)endx, (float)endy);
// 新增 Pen 物件，想像他是一隻可畫出黑色的筆
Pen myPen_black = new Pen(Color.Black, 5);

gra.DrawRectangle(myPen_black, (int)(initialx - rectanglewidth / 2),
                          (int)(initialy - 20), rectanglewidth, rectangleheight);

if (numericUpDown4.Value / 100 == 0 && numericUpDown4.Value / 10 == 0)
{
```

畫布 4 中心點座標

設定矩形寬度

設定矩形高度

設定圓形直徑

於畫布 4 畫紅色橢圓

於畫布 4 畫紅色直線

於畫布 4 畫黑色矩形

判斷 numericUpDown4 是否僅為個位數

由序列埠傳送字串（"D00"+numericUpDown4 的數值）

```
        serialPort1.Write("D00" + Convert.ToString(numericUpDown4.Value));
    }
```

判斷 numericUpDown4 是否為十位數

```
    elseif (numericUpDown4.Value/100 ==0&& numericUpDown4.Value / 10 >= 1)
    {
```

由序列埠傳送字串（"D0"+numericUpDown4 的數值）

```
        serialPort1.Write("D0" + Convert.ToString(numericUpDown4.Value));

    }
    else
    {
```

若 numericUpDown4 是百位數

由序列埠傳送字串（"D"+numericUpDown4 的數值）

```
        serialPort1.Write("D" + Convert.ToString(numericUpDown4.Value));
    }
}
```

12. 編輯 button1 物件 [Set all 90 degrees] 觸發程式

快速連續點擊兩下編輯視窗介面中。button1 元件，VC# 將會自動產生按鍵觸發事件。設定使用所有 numericUpDown 的值都為 90，再從序列埠送出字串 A090B090C090D090。程式碼如表 4-11 所示。

表 4-11　button1 物件觸發程式

```
private void button1_Click(object sender, EventArgs e)
{
```

由序列埠傳送字串 "A090B090C090D090"

```
        serialPort1.Write("A090B090C090D090");
```

設定所有 numericUpDown 的值都為 90

```
        numericUpDown1.Value = 90;
```

```
    numericUpDown2.Value = 90;
    numericUpDown3.Value = 90;
    numericUpDown4.Value = 90;
}
```

13. 上傳 Arduino 程式至 Arduino Uno 開發板

將第三堂課之 Arduino 程式先進行驗證，再上傳至 Arduino Uno 開發板，如圖 4-12 所示。

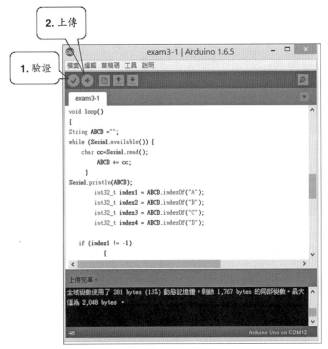

圖 4-12　Arduino 程式上傳至 Arduino Uno 開發板

14. 執行 VC# 操控機器手臂

按 Visual Studio 開始執行應用程式，出現應用程式表單，操作步驟整理如圖 4-13。

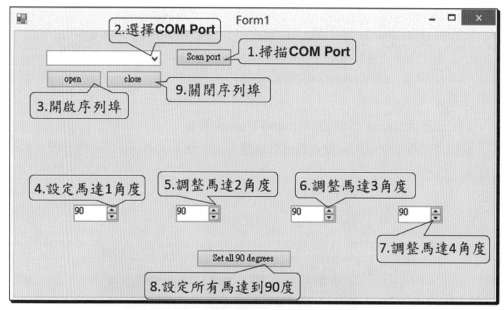

圖 4-13　VC# 應用程式人機介面操作步驟

八、實驗結果

　　操作人機介面控制四軸機器手臂實驗，會看到伺服機角度變化整理，如圖4-14至圖 4-18 所示。

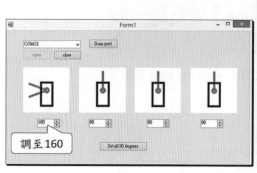
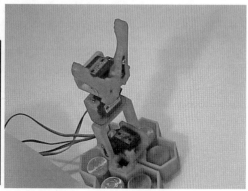

圖 4-14　調整第一顆馬達（控制夾爪）至 160 度

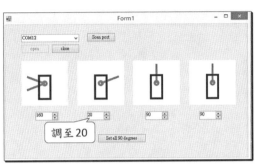 

圖 4-15　調整第二顆馬達至 20 度

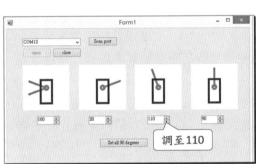 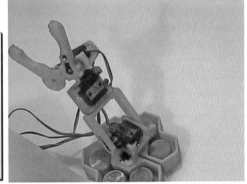

圖 4-16　調整第三顆馬達至 110 度

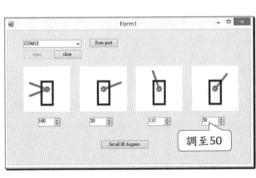 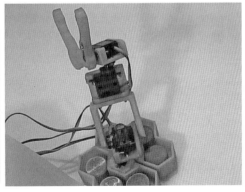

圖 4-17　調整第四顆馬達至 50 度

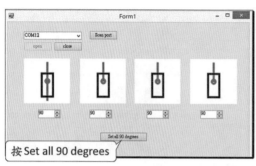

按 Set all 90 degrees

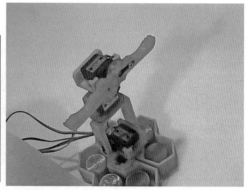

圖 4-18　按 Set all 90 degrees 鍵

補充站

人機介面或稱使用者介面（User Interface，簡稱 UI）是使用者與機電系統之間進行互動和資訊交換的媒介，目的在讓使用者能方便且有效率地操作硬體以達成雙向之互動。

廣告商標或招牌可以當作是一種古老的使用介面，能讓消費者馬上聯想到商品項目或服務就是一種良好的 UI。至於在電子產品上，通常都認為生產 iPhone 手機以及麥金塔電腦的蘋果電腦公司為圖形化人機介面的先驅。

其實早在 1970 年代中期，生產影印機的全錄公司（Xerox）已提出並研發人機介面的概念，賈伯斯還是在參觀全錄公司之後得到靈感，才接連開發以自己女兒命名的麗莎（Lisa）電腦以及大獲商業成功的麥金塔電腦（Macintosh 或 Mac）。

牛刀小試

(　) 1. 使用何種畫圖指令可以繪出圓形？　(A) DrawLine　(B) DrawRectangle　(C) DrawEllipse　(D) Clear

第 5 堂課

CHAPTER ▶▶ ▶

網路遠端控制四軸機器手臂

一、實驗目的

二、實驗設備

三、實驗配置

四、預期實驗結果

五、Server端程式流程圖

六、Server端重點語法說明

七、Server端Arduino程式

八、Client端人機介面設計說明

九、實驗步驟

十、實驗結果

一、實驗目的

使用 Ardiuno 乙太網路擴充卡架設機器手臂端的伺服器，再透過人機介面的方式，使用網路從 Client 端送訊號至伺服器端來控制四軸機器手臂。使用者可以透過此實驗，了解網路傳輸資料的人機介面程式設計，及軟體與硬體之間的溝通方式。以下將說明如何編寫 VC# 與 Arduino 間以網路方式溝通，進而以遠端方式透過人機介面以網路通訊控制四軸機器手臂，如圖 5-1 所示。

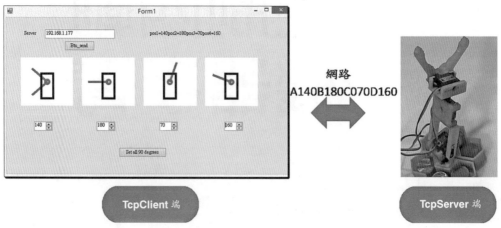

圖 5-1　網路遠端控制四軸機器手臂

二、實驗設備

網路遠端控制四軸機器手臂實驗設備需要電腦一台、Visual Studio 2012 以上 C# 的 Windows Form 應用程式、Arduino Uno 板一個、Arduino 擴充板一個、Arduino Ethernet Shield 乙太網路擴充板（或 Arduino WiFi Shield 無線網路擴充板）一個、5V 3A 變壓器一個、四個伺服機 MG90S 與桿件組成之機器手臂。Visual Studio 是用來設計 PC 上執行的人機介面，如圖 5-2 所示。

個人電腦

Arduino UNO

Arduino 乙太網路擴充板

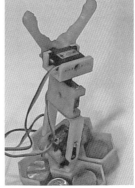

四軸機器手臂

5V 3A變壓器

Arduino 擴充板

圖 5-2　網路遠端控制四軸機器手臂實驗設備

三、實驗配置

　　將擴充板裝置於 Arduino 板上，本範例將四個伺服機分別接至擴充板上的 6、7、8、9 腳。電腦與 Arduino Uno 開發板間以 USB 線連接，並用 Arduino Uno 板接 5V 3A 變壓器，再將 Arduino Ethernet Shield 乙太網路擴充板接上網路線，如圖 5-3 所示，注意馬達顏色最深的線是接 GND。

四、預期實驗結果

　　四軸機器手臂端的是由 Arduino Uno 板接透過 Arduino Ethernet Shield 網路板建立的 Server，接收網路封包來控制機器手臂姿態。網路遠端控制四軸機器手臂預期實驗結果整理如圖 5-4。操作人機介面步驟為：先輸入 Server IP，再按 Btn_send 鍵送出請求至 Server 端，連接成功後 Server 會回傳訊息，再分別調整馬達角度，也可按 Set all 90 degrees 鈕將所有馬達角度設定在 90 度。

59

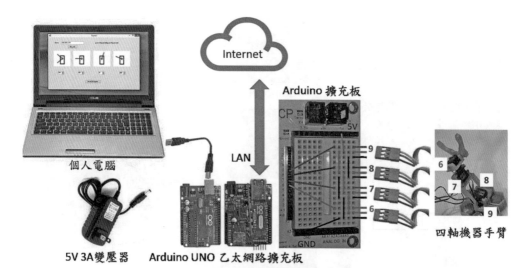

圖 5-3　網路遠端控制四軸機器手臂實驗配置

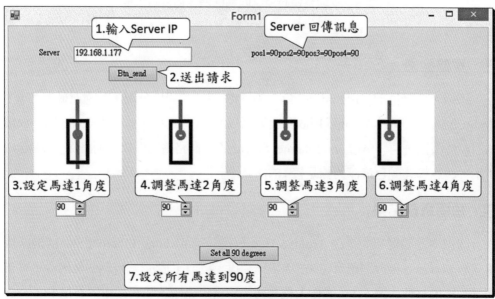

圖 5-4　網路遠端控制四軸機器手臂預期實驗結果

五、Server 端程式流程圖

Server 端是由 Arduino Uno 連接 Arduino Ethernet Shield 乙太網路擴充板與擴充板連接四軸機器手臂所組成，Arduino 程式流程圖如圖 5-5 所示。

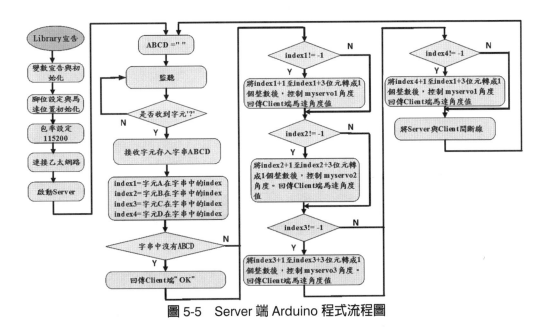

圖 5-5　Server 端 Arduino 程式流程圖

六、Server 端重點語法說明

表 5-1　Server 端 Arduino 程式重點語法說明

Arduino 程式語法	說明

byte mac[] = {
　0xDE, 0xAD, 0xBE, 0xEF, 0xFE, 0xED
};
	MAC 位址。

IPAddress ip(192, 168, 1, 177);	Server IP 位址，要看區域網路才能決定。
EthernetServer server(80);	初始化，通訊部 80 是 HTTP 預設通訊埠。
Ethernet.begin(mac, ip);	連接乙太網路。
server.begin();	啟動 Webserver。

Arduino 程式語法	說明
EthernetClient client = server.available();	監聽。
client.connected()	有 client 端連接則回傳 ture。
client.available()	取得可讀取的資料組數。
client.read();	讀取接收到的網路資料流。
client.println("OK");	送出回應文字。
client.stop();	關閉 client 與 server 間的連接。

　　本範例從網路收到的字元判斷是否有 '?' 字元，若有 '?' 字元則將 '?' 後面的字元存入字串 ABCD。再判斷 ABCD 字串中是否有字元 A，有的話則將 A 字元後面的三個位元轉成整數，如表 5-2 所示，再用此數字控制伺服機 myservo1 位置。

表 5-2　A 後面 3 個字元轉成整數

字串	A	1	8	0
序號	index1	index1+1	index1+2	index1+3
轉成整數		(ABCD[index1+1]-48)*100	(ABCD[index1+2]-48)*10	(ABCD[index1+3]-48)*1
合併整數		(ABCD[index1+1]-48)*100+(ABCD[index1+2]-48)*10+(ABCD[index1+3]-48)*1		

　　本範例從網路收到的字元判斷是否有 '?' 字元，若有 '?' 字元則將 '?' 後面的字元存入字串 ABCD。再判斷 ABCD 字串中是否有字元 B，有的話則將 B 字元後面的三個位元轉成整數，如表 5-3 所示，再用此數字去控制伺服機 myservo2 位置。

表 5-3　B 後面 3 個字元轉成整數

字串	B	0	9	0
序號	index2	index2+1	index2+2	index2+3
轉成整數		(ABCD[index2+1]-48)*100	(ABCD[index2+2]-48)*10	(ABCD[index2+3]-48)*1
合併整數		(ABCD[index2+1]-48)*100+(ABCD[index2+2]-48)*10+(ABCD[index2+3]-48)*1		

　　本範例從網路收到的字元判斷是否有 '?' 字元，若有 '?' 字元則將 '?' 後面的字元存入字串 ABCD。再判斷 ABCD 字串中是否有字元 C，有的話則將 C 字元後面

的三個位元轉成整數，如表 5-4 所示，再用此數字控制伺服機 myserve3 位置。

表 5-4 C 後面 3 個字元轉成整數

字串	C	0	0	5
序號	index3	index3+1	index3+2	index3+3
轉成整數		(ABCD[index3+1]-48)*100	(ABCD[index3+2]-48)*10	(ABCD[index3+3]-48)*1
合併整數		(ABCD[index3+1]-48)*100+(ABCD[index3+2]-48)*10+(ABCD[index3+3]-48)*1		

本範例從網路收到的字元判斷是否有 '?' 字元，若有 '?' 字元則將 '?' 後面的字元存入字串 ABCD。再判斷 ABCD 字串中是否有字元 D，有的話則將 D 字元後面的三個位元轉成整數，如表 5-5 所示，再用此數字去控制伺服機 myserve4 位置。

表 5-5 D 後面 3 個字元轉成整數

字串	D	1	2	0
序號	index4	index4+1	index4+2	index4+3
轉成整數		(ABCD[index4+1]-48)*100	(ABCD[index4+2]-48)*10	(ABCD[index4+3]-48)*1
合併整數		(ABCD[index4+1]-48)*100+(ABCD[index4+2]-48)*10+(ABCD[index4+3]-48)*1		

七、Server 端 Arduino 程式

網路遠端控制四軸機器手臂控制，Server 端重點語法四軸機器手臂控制 Arduino 程式與說明整理如表 5-6。主要功能是架設 TCP Sever，監聽網路訊息，並將收到的網路訊息存入字串，再從字串中找出 A 或 B 或 C 或 D，再從 A、B、C、D 後面的三個位元轉換成整數去分別控制四個伺服機的角度。

表 5-6 網路遠端控制四軸機器手臂控制 Server 端 Arduino 程式與說明

```
#include <Servo.h>
#include <stdlib.h>        Library 宣告
#include <SPI.h>
#include <Ethernet.h>
byte mac[] = {
  0xDE, 0xAD, 0xBE, 0xEF, 0xFE, 0xED
```

```
};
IPAddressip(192, 168, 1, 177);
```

初始化 Ethernet Server Library

```
EthernetServerserver(80);
```

創造 Servo 物件以控制伺服機

```
Servo myservo1;  // create servo object to control a servo
Servo myservo2;  // create servo object to control a servo
Servo myservo3;  // create servo object to control a servo
Servo myservo4;  // create servo object to control a servo
```

變數宣告

```
int pos1 = 90;   // variable to store the servo1 position
int pos2 = 90;   // variable to store the servo2 position
int pos3 = 90;   // variable to store the servo3 position
int pos4 = 90;   // variable to store the servo4 position
void setup()
{
```

伺服機訊號線接 Arduino Uno 上的 6、7、8、9

```
myservo1.attach(6);  // attaches the servo on pin 6 to the servo object
myservo2.attach(7);  // attaches the servo on pin 7 to the servo object
myservo3.attach(8);  // attaches the servo on pin 8 to the servo object
myservo4.attach(9);  // attaches the servo on pin 9 to the servo object

myservo1.write(pos1);
```

設定伺服機初始角度

```
myservo2.write(pos2);
myservo3.write(pos3);
myservo4.write(pos4);
```

設定序列埠包率為 115200

```
Serial.begin(115200);
while (!Serial) {
```

等待開啟序列通訊埠

```
  ;
}
```

連接乙太網路

```
Ethernet.begin(mac, ip);
server.begin();
```

啟動 server

```
Serial.print("server is at ");
Serial.println(Ethernet.localIP());
}
```

```
void loop()
{
String ABCD ="";                              宣告字串
EthernetClient client = server.available();          監聽
if (client) {
Serial.println("new client");          若有 client 端連接


    // an http request ends with a blank line
booleancurrentLineIsBlank = true;
while (client.available()) {              若 client 端有傳來資料
char c = client.read();          讀取 client 端傳來之資料
Serial.write(c);
if (c=='?')          是否有讀到 '?' 字元
            {
while (client.available())          若 client 端有傳來資料
                {
char c = client.read();          讀取 client 端傳來之資料
            ABCD += c;          存入字串 ABCD 中
Serial.write(c);
if (c == '\n' &&currentLineIsBlank) {
Serial.print("ABCD=");
Serial.print(ABCD);          找出 A 在字串 ABCD 中序號

                int32_t index1 = ABCD.indexOf("A");

        找出 B 在字串 ABCD 中序號

int32_t index2 = ABCD.indexOf("B");

        找出 C 在字串 ABCD 中序號

int32_t index3 = ABCD.indexOf("C");

            找出 D 在字串 ABCD 中序號

                int32_t index4 = ABCD.indexOf("D");

        若 ABCD 中沒有 A 與 B 與 C 與 D

if(index1 ==-1 && index2 == -1  && index3 ==-1 && index4 == -1)
            {          回傳 "OK" 至 client 端

            client.print("OK\n");}
```

若有 A 在字串 ABCD 中

```
if (index1 != -1)
          {
```

將 A 後面 3 個字元轉換成整數

```
          pos1 = (ABCD[index1+1]-48)*100+(ABCD[index1+2]-48)*10+(ABCD[index1+3]-48);
```

控制 myservo1 伺服機

```
myservo1.write(pos1);
```

回傳訊息至 client 端

```
client.print("\n");
client.print("pos1=");
client.print(pos1);
client.print("pos2=");
client.print(pos2);
client.print("pos3=");
client.print(pos3);
client.print("pos4=");
client.print(pos4);
          }
```

若有 B 在字串 ABCD 中

```
if (index2 != -1)
{
```

將 B 後面 3 個字元轉換成整數

```
          pos2 = (ABCD[index2+1]-48)*100+(ABCD[index2+2]-48)*10+(ABCD[index2+3]-48);
Serial.println (pos2);
```

控制 myservo2 伺服機角度

```
myservo2.write(pos2);
```

回傳訊息至 client 端

```
client.print("\n");
client.print("pos1=");
client.print(pos1);
client.print("pos2=");
client.print(pos2);
client.print("pos3=");
client.print(pos3);
client.print("pos4=");
client.print(pos4);
          }
```

若有 C 在字串 ABCD 中

```
if (index3 != -1)
```

```
                {
                       將 C 後面 3 個字元轉換成整數
                    pos3 = (ABCD[index3+1]-48)*100+(ABCD[index3+2]-48)*10+(ABCD[index3+3]-48);
Serial.println (pos3);
                       控制 myservo3 伺服機角度

myservo3.write(pos3);

client.print("\n");        回傳訊息至 client 端
client.print("pos1=");
client.print(pos1);
client.print("pos2=");
client.print(pos2);
client.print("pos3=");
client.print(pos3);
client.print("pos4=");
client.print(pos4);
                }
if (index4 != -1)
                {
                    pos4 = (ABCD[index4+1]-48)*100+(ABCD[index4+2]-48)*10+(ABCD[index4+3]-48);
Serial.println (pos4);
myservo4.write(pos4);        控制 myservo4 伺服機角度
client.print("\n");
client.print("pos1=");         回傳訊息至 client 端
client.print(pos1);
client.print("pos2=");
client.print(pos2);
client.print("pos3=");
client.print(pos3);
client.print("pos4=");
client.print(pos4);
                }
if (index1!= -1 && index2 != -1 && index3 != -1 && index4 != -1)
                {
client.print("\n");
client.print("pos1=");
client.print(pos1);
client.print("pos2=");
client.print(pos2);
```

```
client.print("pos3=");
client.print(pos3);
client.print("pos4=");
client.print(pos4);
              }
client.stop();          停止與 client 端的連線
break;
          }
                }
if (c == '\n') {
              // you're starting a new line
currentLineIsBlank = true;
          }
else if (c != '\r') {
              // you've gotten a character on the current line
currentLineIsBlank = false;
          }
        }
      }
    // give the web browser time to receive the data
delay(1);
client.stop();          停止與 client 端的連線
Serial.println("client disconnected");
  }
}
```

八、Client 端人機介面設計說明

　　網路遠端控制四軸機器手臂之 Client 端人機介面，可由 Client 端人機介面透過網路，控制 Server 端的四軸機器手臂。以 VC# 設計之人機介面說明，與重要屬性設定整理如表 5-7。

表 5-7　網路遠端控制四軸機器手臂人機介面設計說明

Name/ 外觀	物件	重要屬性設定	說明
txtServer	TextBox	Name：txtServer	輸入 Server IP 文字。

Name/ 外觀	物件	重要屬性設定	說明
Btn_send Btn_send	Button	Name : Btn_send	送出請求至 Server。
Status Status	Label	Text : Status Name : Status	顯示 Server 回傳訊息。
button1 Set all 90 degrees	button	Text : Set All 90 Degrees Name : button1	設定所有馬達至回至初始位置，例如 90 度。
pictureBox1	pictureBox	Size : 124, 116 Name : pictureBox1	圖示顯示馬達 1 角度。
pictureBox2	pictureBox	Size : 124, 116 Name : pictureBox2	圖示顯示馬達 2 角度。
pictureBox3	pictureBox	Size : 124, 116 Name : pictureBox3	圖示顯示馬達 3 角度。
pictureBox4	pictureBox	Size : 124, 116 Name : pictureBox4	圖示顯示馬達 4 角度。
numericUpDown1 90	numericUpDown	Value : 90 Increment : 10 Maximum : 180 Minimum : 0	控制馬達 1 角度。
numericUpDown2 90	numericUpDown	Value : 90 Increment : 10 Maximum : 180 Minimum : 0	控制馬達 2 角度。
numericUpDown3 90	numericUpDown	Value : 90 Increment : 10 Maximum : 180 Minimum : 0	控制馬達 3 角度。
numericUpDown4 90	numericUpDown	Value : 90 Increment : 10 Maximum : 180 Minimum : 0	控制馬達 4 角度。

操作人機介面步驟為：先輸入 Sever IP →按 Btn_send 送出請求→分別調整馬達角度→按 Set all 90 degrees 鍵將所有馬達角度設定在 90 度，流程如圖 5-6 所示。

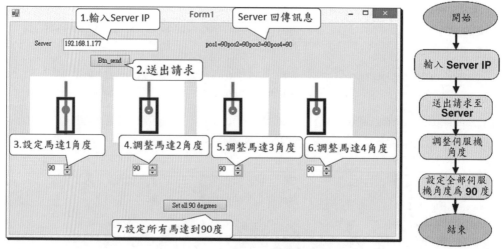

圖 5-6　人機介面程式流程

Visual Studio C# 的 Windows Form 應用程式專案中，使用網路通訊人機介面之重點語法說明如表 5-8。

表 5-8　使用網路通訊人機介面重點語法說明

VC# 語法	說明
using System.Net.Sockets;	使用 System.Net.Sockets; 中定義網路存取相關類別。
TcpClient client;	創造 TcpClient 物件。
new TcpClient(txtServer.Text, 80);	初始化 TcpClient 類別的新執行個體，並將它連接至指定主機的指定連接埠。目前為連接至 IP 為 txtServer.Text 的 Server, 連接埠為 80。
new StreamReader(client.GetStream());	創造 StreamReader 從 Server 傳來之網路串流資料。
new StreamWriter(client.GetStream(());	創造 Streamwriter 直接寫資料至網路流，傳向 Server 端。
sw.WriteLine("GET /?pin=1 HTTP/1.0\n\n");	送出 HTTP 1.0 GET 請求。

VC# 語法	說明
sw.Flush();	刷新 sw。
sr.ReadLine();	讀取一列從 Server 傳來之網路讀串流資料。
client.Close();	關閉 TCP 連接。

九、實驗步驟

表 5-9　網路遠端控制四軸機器手臂人機介面設計實驗步驟

步驟	說明
1	新建專案。
2	增加 TextBox 物件 [＿＿＿＿＿＿＿]。
3	增加更多物件。
4	開始編寫程式碼。
5	編輯 Btn_send 物件 [Btn_send] 觸發程式。
6	編輯 numericUpDown1 物件 90 [↕] 觸發程式。
7	編輯 numericUpDown2 物件 90 [↕] 觸發程式。
8	編輯 numericUpDown3 物件 90 [↕] 觸發程式。
9	編輯 numericUpDown4 物件 90 [↕] 觸發程式。
10	編輯 Button1 物件 [Set all 90 degrees] 觸發程式。
11	上傳 Arduino 程式至 Arduino Uno 開發板。
12	執行 VC# 操控機器手臂。

1. 新建專案

File →新增→專案→選取其他語言→ Visual C# →選取 Windows Form 應用程式→按「確定」，如圖 5-7 所示。

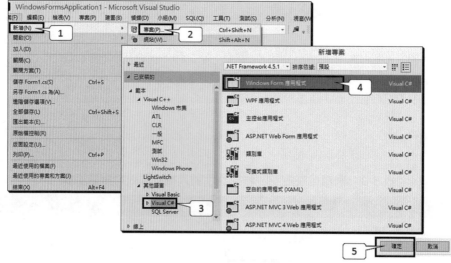

圖 5-7　新建專案

2. 增加 TextBox 物件

以滑鼠拖曳工具箱中的 TextBox 物件圖示至 Form1 視窗中，即可在 Form1 中新增元件。選取 Form1 圖形視窗中的 TextBox 元件，修改 Name 為 txtServer，如圖 5-8。

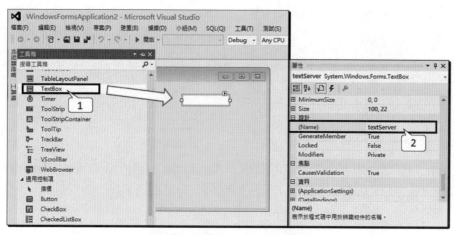

圖 5-8　加入 TextBox 物件

3. 增加更多物件

根據表 5-9 加入物件與修改屬性，完成如圖 5-9 的 Form1。

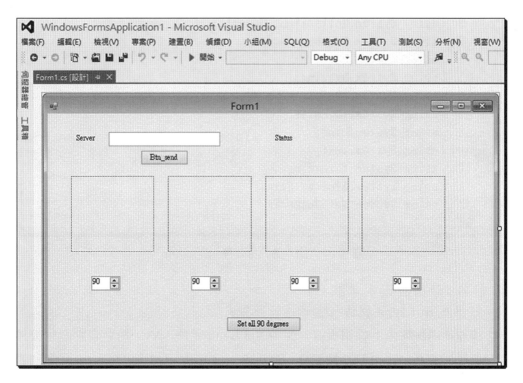

圖 5-9　人機介面加入物件

4. 開始編寫程式碼

開啟 Form1.cs 檔案，首先在檔案最上方加入 using System.Net.Sockets; 命名空間，才能調用網路存取相關類別，程式碼如圖 5-10 所示。

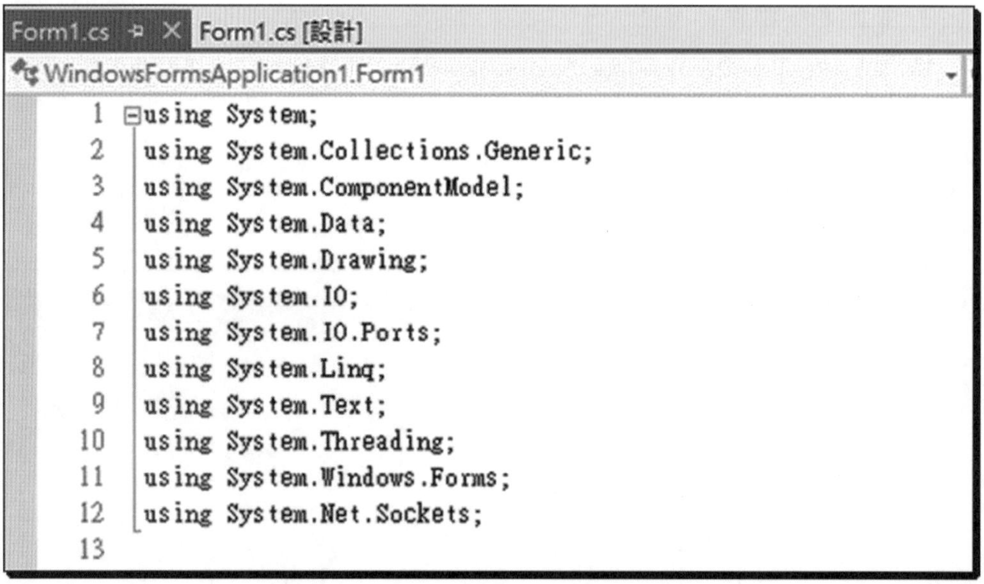

```
Form1.cs ⇄ ✕  Form1.cs [設計]
⚙ WindowsFormsApplication1.Form1                                          ▼
  1  ⊟using System;
  2  │using System.Collections.Generic;
  3  │using System.ComponentModel;
  4  │using System.Data;
  5  │using System.Drawing;
  6  │using System.IO;
  7  │using System.IO.Ports;
  8  │using System.Linq;
  9  │using System.Text;
 10  │using System.Threading;
 11  │using System.Windows.Forms;
 12  └using System.Net.Sockets;
 13
```

圖 5-10　加入 System.Net.Sockets

5. 編輯 Btn_send 物件 [Btn_send] 觸發程式

　　快速連續點擊兩下編輯視窗介面中 Btn_send 元件，VC# 將會自動產生按鍵觸發事件。當 Btn_send 事件被觸發，會創造 TcpClient，初始化 TcpClient 類別的新執行個體，並透過網路連接至指定主機的指定連接埠，目前會連接至 IP 為 txt-Server.Text 的 Server，連接埠為 80，再送出 HTTP 1.0 GET 請求至 Server，讀取一列從 Server 傳來之網路讀串流資料，最後切斷 Client 端與 Server 端連線。VC# 程式碼如表 5-10 所示。

表 5-10　Btn_send 物件觸發程式

```
TcpClient client;          ┌─ 創造 TcpClient 物件
                           └

private void Btn_send_Click(object sender, EventArgs e)
{
        try
        {
```

74

連接至指定主機的指定連接埠，目前為連接
至 IP 為 txtServer.Text 的 Server，連接埠為 80

```
client = new TcpClient(txtServer.Text, 80);
```

創造 StreamReader 從 Server 傳來之網路讀串流資料

```
StreamReadersr = new StreamReader(client.GetStream());
```

創造 Streamwriter 直接寫資料至網路流，傳向 Server 端

```
StreamWritersw = new StreamWriter(client.GetStream());
```

送出 HTTP 1.0 GET 請求

```
sw.WriteLine("GET /?pin=1 HTTP/1.0\n\n");
```

刷新 sw

```
sw.Flush();
```

讀取一列從 Server 傳來之網路讀串流資料

```
string data = sr.ReadLine();
while (data != null)
{
    Status.Text = data;
    data = sr.ReadLine();
```

將資料呈現於人機介面

```
}
```

關閉連線

```
client.Close();
        }
    catch (Exception ex) { MessageBox.Show(ex.Message); }
}
```

6. numericUpDown1 物件 `90` 觸發程式

　　快速連續點擊兩下編輯視窗介面中 numericUpDown1 元件，VC# 將會自動產生數值改變觸發事件。重新繪製畫布 1 之圖，再透過網路連接至指定主機的指定連接埠，目前是連接至 IP 為 txtServer.Text 的 Server，連接埠為 80，再送出 HTTP 1.0 GET 請求傳字串 Senddata 內容至 Server，讀取一列從 Server 傳來之網路讀串流資料，最後切斷 Client 端與 Server 端連線。VC# 程式碼如表 5-11 所示。

表 5-11　numericUpDown1 物件觸發程式

```
private void numericUpDown1_ValueChanged(object sender, EventArgs e)
{
```

創造畫布 1 繪圖物件

```
        Graphics gra = pictureBox1.CreateGraphics();
        // 新增 Pen 物件，想像他是一隻可畫出紅色的筆
        Pen myPen_red = new Pen(Color.Red, 5);
        // 以白色清除畫布 3
        gra.Clear(Color.White);
        double endx, endy;
        double endx2, endy2;
        double initialx, initialy;
        initialx = pictureBox1.Width / 2;
```

設定畫布 1 中心點座標

```
        initialy = pictureBox1.Height / 2;
        float rectanglewidth = 30;
```

設定矩形寬度

```
        float rectangleheight = 60;
```

設定矩形高度

```
        int rod_length = 50;
        int circle = 10;
```

設定圓形直徑

```
        endx = initialx - rod_length * Math.Cos((double)(numericUpDown1.Value) * 3.14 / 180);
        endy = initialy - rod_length * Math.Sin((double)(numericUpDown1.Value) * 3.14 / 180);
///////////////////////////////
        endx2 = initialx + rod_length * Math.Cos((double)(180-numericUpDown1.Value) * 3.14 /
        180);
        endy2 = initialy + rod_length * Math.Sin((double)(180-numericUpDown1.Value) * 3.14 /
        180);
```

於畫布 1 畫紅色橢圓

```
        gra.DrawEllipse(myPen_red, (float)(initialx - circle / 2), (float)(initialy - circle / 2), circle,
        circle);
```

於畫布 1 畫紅色直線

```
        gra.DrawLine(myPen_red, (float)initialx, (float)initialy, (float)endx, (float)endy);
```

於畫布 1 畫紅色直線

```
        gra.DrawLine(myPen_red, (float)initialx, (float)initialy, (float)endx2, (float)endy2);
        // 新增 Pen 物件，想像他是一隻可畫出黑色的筆
        Pen myPen_black = new Pen(Color.Black, 5);
```

於畫布1畫黑色矩形

gra.DrawRectangle(myPen_black, (int)(initialx - rectanglewidth / 2), (int)(initialy - 20), rectanglewidth, rectangleheight);
string senddata;　　宣告字串

判斷 numericUpDown1 是否為個位數

if (numericUpDown1.Value / 100 == 0 && numericUpDown1.Value / 10 == 0)
{

字串（"A00"+numericUpDown1 的數值）存入 senddata

    senddata = "A00" + Convert.ToString(numericUpDown1.Value);
}

判斷 numericUpDown1 是否為十位數

elseif (numericUpDown1.Value / 100 ==0&& numericUpDown1.Value / 10 >= 1)
{
字串（"A0"+numericUpDown1 的數值）存入 senddata

    senddata = "A0" + Convert.ToString(numericUpDown1.Value);
}

判斷 numericUpDown1 是否為百位數

else
{
字串（"A"+numericUpDown1 的數值）存入 senddata

    senddata = "A" + Convert.ToString(numericUpDown1.Value);
}

try
{
    client = new TcpClient(txtServer.Text, 80);
    StreamReadersr = new StreamReader(client.GetStream());
    StreamWritersw = new StreamWriter(client.GetStream());

送出 HTTP 1.0 GET 請求傳送 senddata 內容至 Server
送出 HTTP 1.0 GET 請求傳字串 senddata 至 Ser

    sw.WriteLine("GET /?" + senddata + "   HTTP/1.0\n\n");
    sw.Flush();
    string data = sr.ReadLine();
    while (data != null)
    {

```
            Status.Text = "";
            Status.Text = data;
            data = sr.ReadLine();
        }
        client.Close();


        }
        catch (Exception ex) { MessageBox.Show(ex.Message); }
}
```

7. 編輯 numericUpDown2 物件 [90 ⬍] 觸發程式

快速連續點擊兩下編輯視窗介面中 numericUpDown2 元件，VC# 將會自動產生數值改變觸發事件。重新繪製畫布 2 之圖，透過網路連接至指定主機的指定連接埠，目前是連接至 IP 為 txtServer.Text 的 Server，連接埠為 80，再送出 HTTP 1.0 GET 請求傳字串 Senddata 內容至 Server，讀取一列從 Server 傳來之網路讀串流資料，最後切斷 Client 端與 Server 端連線。VC# 程式碼如表 5-12 所示。

表 5-12　numericUpDown2 物件觸發程式

```
private void numericUpDown2_ValueChanged(object sender, EventArgs e)
{
                              創造畫布 2 繪圖物件
        Graphics gra = pictureBox2.CreateGraphics();
        // 新增 Pen 物件，想像他是一隻可畫出紅色的筆
        Pen myPen_red = new Pen(Color.Red, 5);
        // 以白色清除畫布 3
        gra.Clear(Color.White);
        double endx, endy;
        double endx2, endy2;
        double initialx, initialy;
        initialx = pictureBox2.Width / 2;
        initialy = pictureBox2.Height / 2;      設定畫布 2 中心點座標
        float rectanglewidth = 30;
                                    設定矩形寬度
        float rectangleheight = 60;
                                    設定矩形高度
```

```
int rod_length = 50;
int circle = 10;
```
設定圓形直徑

```
endx = initialx - rod_length * Math.Cos((double)(numericUpDown2.Value) * 3.14 / 180);
endy = initialy - rod_length * Math.Sin((double)(numericUpDown2.Value) * 3.14 / 180);
```

於畫布 2 畫紅色橢圓

```
gra.DrawEllipse(myPen_red, (float)(initialx - circle / 2),
                           (float)(initialy - circle / 2), circle, circle);
```

於畫布 2 畫紅色直線

```
gra.DrawLine(myPen_red, (float)initialx, (float)initialy,
                        (float)endx, (float)endy);
// 新增 Pen 物件，想像他是一隻可畫出黑色的筆
Pen myPen_black = new Pen(Color.Black, 5);
```

於畫布 2 畫黑色矩形

```
gra.DrawRectangle(myPen_black, (int)(initialx - rectanglewidth / 2),
                               (int)(initialy - 20), rectanglewidth, rectangleheight);
```

```
string senddata;
```
宣告字串

判斷 numericUpDown2 是否為個位數

```
if (numericUpDown2.Value / 100 == 0 && numericUpDown2.Value / 10 == 0)
{
```
字串（"B00"+numericUpDown2 的數值）存入 senddata
```
    senddata = "B00" + Convert.ToString(numericUpDown2.Value);
}
```
判斷 numericUpDown2 是否為十位數
```
elseif (numericUpDown2.Value / 100 == 0&& numericUpDown2.Value / 10 >= 1)
{
```
字串（"B0"+numericUpDown2 的數值）存入 senddata
```
    senddata = "B0" + Convert.ToString(numericUpDown2.Value);
}
```
判斷 numericUpDown2 是否為百位數
```
else
{
```
字串（"B"+numericUpDown2 的數值）存入 senddata
```
    senddata = "B" + Convert.ToString(numericUpDown2.Value);
}
```

```
try
{    client = new TcpClient(txtServer.Text, 80);
     StreamReadersr = new StreamReader(client.GetStream());
     StreamWritersw = new StreamWriter(client.GetStream());
```

> 送出 HTTP 1.0 GET 請求傳送 senddata 內容至 Server
> 送出 HTTP 1.0 GET 請求傳字串 senddata 至 Ser

```
     sw.WriteLine("GET /?" + senddata + "   HTTP/1.0\n\n");
     sw.Flush();
     string data = sr.ReadLine();
     while (data != null)
     {    Status.Text = data;
          data = sr.ReadLine();
     }
     client.Close();
}
catch (Exception ex) { MessageBox.Show(ex.Message); }
}
```

8. 編輯 numericUpDown3 物件 ⌷90 ⌷ 觸發程式

快速連續點擊兩下編輯視窗介面中 numericUpDown3 元件，VC# 將會自動產生數值改變觸發事件。重新繪製畫布 3 之圖，再透過網路連接至指定主機的指定連接埠，目前是連接至 IP 為 txtServer.Text 的 Server，連接埠為 80，再送出 HTTP 1.0 GET 請求傳字串 Senddata 內容至 Server，讀取一列從 Server 傳來之網路讀串流資料，最後切斷 Client 端與 Server 端連線，VC# 程式碼如表 5-13 所示。

表 5-13　numericUpDown3 物件觸發程式

```
private void numericUpDown3_ValueChanged(object sender, EventArgs e)
{
```

> 創造畫布 3 繪圖物件

```
Graphics gra = pictureBox3.CreateGraphics();
// 新增 Pen 物件，想像他是一隻可畫出紅色的筆
Pen myPen_red = new Pen(Color.Red, 5);
// 以白色清除畫布 3
```

```
gra.Clear(Color.White);
double endx, endy;
double endx2, endy2;
double initialx, initialy;
initialx = pictureBox3.Width / 2;
initialy = pictureBox3.Height / 2;
float rectanglewidth = 30;
```

設定畫布 3 中心點座標

設定矩形寬度

```
float rectangleheight = 60;
introd_length = 50;
int circle = 10;
```

設定矩形高度

設定圓形直徑

```
endx = initialx - rod_length * Math.Cos((double)(numericUpDown3.Value) * 3.14 / 180);
endy = initialy - rod_length * Math.Sin((double)(numericUpDown3.Value) * 3.14 / 180);
```

於畫布 3 畫紅色橢圓

```
gra.DrawEllipse(myPen_red, (float)(initialx - circle / 2),
                           (float)(initialy - circle / 2), circle, circle);
```

於畫布 3 畫紅色直線

```
gra.DrawLine(myPen_red, (float)initialx, (float)initialy,
                        (float)endx, (float)endy);
// 新增 Pen 物件，想像他是一隻可畫出黑色的筆
Pen myPen_black = new Pen(Color.Black, 5);
```

於畫布 3 畫黑色矩形

```
gra.DrawRectangle(myPen_black, (int)(initialx - rectanglewidth / 2),
                               (int)(initialy - 20), rectanglewidth, rectangleheight);
stringsenddata;
```

宣告字串

判斷 numericUpDown3 是否為個位數

```
if (numericUpDown3.Value / 100 == 0 && numericUpDown3.Value / 10 == 0)
{
```

字串（"C00"+numericUpDown3 的數值）存入 senddata

```
    senddata = "C00" + Convert.ToString(numericUpDown3.Value);
}
```

判斷 numericUpDown3 是否為十位數

```
elseif (numericUpDown3.Value / 100 == 0&& numericUpDown3.Value / 10 >= 1)
```

```
        {
```

字串（"C0"+numericUpDown3 的數值）存入 senddata

```
            senddata = "C0" + Convert.ToString(numericUpDown3.Value);
        }
```

判斷 numericUpDown3 是否為百位數

```
        else
        {
```

字串（"C"+numericUpDown3 的數值）存入 senddata

```
            senddata = "C" + Convert.ToString(numericUpDown3.Value);
        }

        try
        {
            client = new TcpClient(txtServer.Text, 80);
            StreamReadersr = new StreamReader(client.GetStream());
            StreamWritersw = new StreamWriter(client.GetStream());
```

送出 HTTP 1.0 GET 請求傳送 senddata 內容至 Server

送出 HTTP 1.0 GET 請求傳字串 senddata 至 Ser

```
            sw.WriteLine("GET /?" + senddata + "   HTTP/1.0\n\n");
            sw.Flush();
            string data = sr.ReadLine();
            while (data != null)
            {
                Status.Text = data;
                data = sr.ReadLine();
            }
            client.Close();
        }
        catch (Exception ex) { MessageBox.Show(ex.Message); }
    }
```

9. 編輯 numericUpDown4 物件 `90` 觸發程式

　　快速連續點擊兩下編輯視窗介面中 numericUpDown4 元件，VC# 將會自動產生數值改變觸發事件。重新繪製畫布 4 之圖，再透過網路連接至指定主機的指定連接埠，目前會連接至 IP 為 txtServer.Text 的 Server，連接埠為 80，再送出 HTTP 1.0

GET 請求傳字串 senddata 內容至 Server，讀取一列從 Server 傳來之網路讀串流資料，最後切斷 Client 端與 Server 端連線。VC# 程式碼如表 5-14 所示。

表 5-14　numericUpDown4 物件觸發程式

```
private void numericUpDown4_ValueChanged(object sender, EventArgs e)
{
```

創造畫布 4 繪圖物件

```
    Graphics gra = pictureBox4.CreateGraphics();
    // 新增 Pen 物件，想像他是一隻可畫出紅色的筆
    Pen myPen_red = new Pen(Color.Red, 5);
    // 以白色清除畫布 3
    gra.Clear(Color.White);
    double endx, endy;
    double endx2, endy2;
    double initialx, initialy;
    initialx = pictureBox4.Width / 2;
```

設定畫布 4 中心點座標

```
    initialy = pictureBox4.Height / 2;
    float rectanglewidth = 30;
```

設定矩形寬度

```
    float rectangleheight = 60;
```

設定矩形高度

```
    int rod_length = 50;
    int circle = 10;
```

設定圓形直徑

```
    endx = initialx - rod_length * Math.Cos((double)(numericUpDown4.Value) * 3.14 / 180);
    endy = initialy - rod_length * Math.Sin((double)(numericUpDown4.Value) * 3.14 / 180);
```

於畫布 4 畫紅色橢圓

```
    gra.DrawEllipse(myPen_red, (float)(initialx - circle / 2),
                    (float)(initialy - circle / 2), circle, circle);
```

於畫布 4 畫紅色直線

```
    gra.DrawLine(myPen_red, (float)initialx, (float)initialy,
                 (float)endx, (float)endy);

    // 新增 Pen 物件，想像他是一隻可畫出黑色的筆
    Pen myPen_black = new Pen(Color.Black, 5);
```

於畫布 4 畫黑色矩形

```
gra.DrawRectangle(myPen_black, (int)(initialx - rectanglewidth / 2),
                        (int)(initialy - 20), rectanglewidth, rectangleheight);
string senddata;
```

宣告字串

```
if (numericUpDown4.Value / 100 == 0 && numericUpDown4.Value / 10 == 0)
{
        senddata = "D00" + Convert.ToString(numericUpDown3.Value);
}
elseif (numericUpDown4.Value / 100 == 0&& numericUpDown4.Value / 10 >= 1)
{
        senddata = "D0" + Convert.ToString(numericUpDown4.Value);
}
else
{
        senddata = "D" + Convert.ToString(numericUpDown4.Value);
}
try
{
        client = new TcpClient(txtServer.Text, 80);
        StreamReadersr = new StreamReader(client.GetStream());
        StreamWritersw = new StreamWriter(client.GetStream());
```

送出 HTTP 1.0 GET 請求傳送 senddata 內容至 Server
送出 HTTP 1.0 GET 請求傳字串 senddata 至 Ser

```
        sw.WriteLine("GET /?" + senddata + "   HTTP/1.0\n\n");
        sw.Flush();
        string data = sr.ReadLine();
        while (data != null)
        {
           Status.Text = data;
           data = sr.ReadLine();
        }
        client.Close();
}
catch (Exception ex) { MessageBox.Show(ex.Message); }
}
```

10. 編輯 button1 物件 | Set all 90 degrees | 觸發程式

快速連續點擊兩下編輯視窗介面中，button1 元件，VC# 將會自動產生按鍵觸發事件。透過網路連接至指定主機的指定連接埠，目前是連接至 IP 為 txtServer.Text 的 Server，連接埠為 80，再送出 HTTP 1.0 GET 請求傳字串 A090B090C090D090 至 Server，再讀取一列從 Server 傳來之網路讀串流資料，最後切斷 Client 端與 Server 端連線，再設定使用所有 numericUpDown 的值皆為 90。VC# 程式碼如表 5-15 所示。

表 5-15 button1 物件觸發程式

```
stringsenddata;
senddata = "A090B090C090D090";
try
        {
                    client = newTcpClient(txtServer.Text, 80);
StreamReadersr = newStreamReader(client.GetStream());
StreamWritersw = newStreamWriter(client.GetStream());



sw.WriteLine("GET /?" + senddata + "   HTTP/1.0\n\n");
sw.Flush();
string data = sr.ReadLine();
while (data != null)
                {
Status.Text = data;
                data = sr.ReadLine();
                }
client.Close();

        }
catch (Exception ex) { MessageBox.Show(ex.Message); }
        numericUpDown1.Value = 90;
        numericUpDown2.Value = 90;
        numericUpDown3.Value = 90;
        numericUpDown4.Value = 90;
    }
```

> 指定 senddata 內容為 "A090B090C090D090" 送出 HTTP 1.0 GET 請求傳字串 senddata 至 Ser

> 送出 HTTP 1.0 GET 請求傳送 senddata 內容至 Server
> 送出 HTTP 1.0 GET 請求傳字串 senddata 至 Ser

> 設定所有 numericUpDown 的值都為 90 送出 HTTP 1.0 GET 請求傳字串 senddata 至 Ser

11. 上傳 Arduino 程式至 Arduino Uno 開發板

將表 5-6 之 Arduino 程式先在 Arduino IDE 編輯後，選取工具 Arduino Uno，進行驗證無誤後，上傳至 Arduino Uno 開發板，如圖 5-11 所示。開啓序列監控視窗（右下角的包率需選 115200）可以看到乙太網路模組取得的 IP，即爲 Server IP，此範例之 Server IP 爲 192.168.1.177。

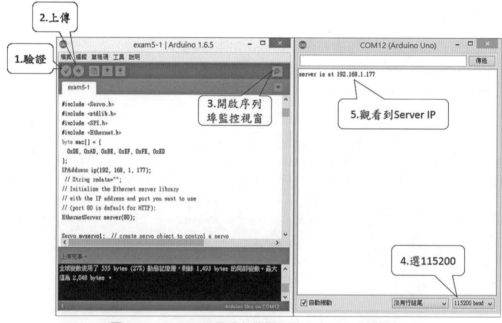

圖 5-11　Arduino 程式上傳至 Arduino Uno 開發板

12. 執行 VC# 操控機器手臂

按 Visual Studio 開始執行應用程式，出現應用程式表單，首先需輸入乙太網路模組建立的 Server 端 IP，可以在前一步驟之序列監控視窗中查到，範例是 192.168.1.177。在 Server 端收到的資料，可以從序列埠畫面看到 Client 傳來的訊息與資料處理狀況。例如可以在序列監控視窗看到 Server 端接收到 Client 端按 Btn_send 鍵所傳送的 GET /?pin=1 HTTP/1.0\n\n。也可以在序列監控視窗看到 Server 端接收到 Client 端按 Set all 90 degrees 鍵傳送的 GET /? A090B090C090D090

HTTP/1.0\n\n，Client 端人機介面操作步驟如圖 5-12 所示。

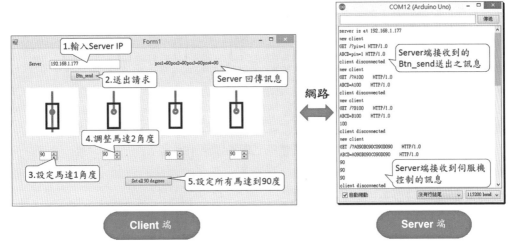

圖 5-12　Client 端人機介面操作步驟與觀察 Server 接收情形

十、實驗結果

　　網路遠端控制四軸機器手臂實驗，會看到伺服機角度變化如圖 5-13 至圖 5-17 所示。

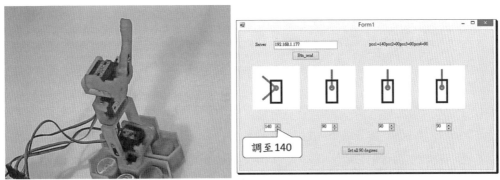

圖 5-13　調整第一顆馬達（控制夾爪）至 140 度

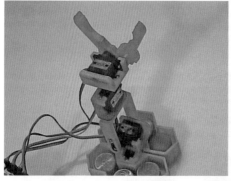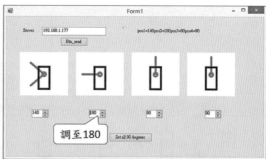

圖 5-14　調整第二顆馬達至 180 度

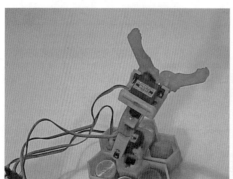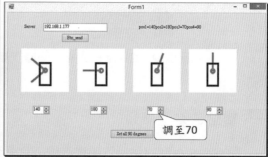

圖 5-15　調整第三顆馬達至 70 度

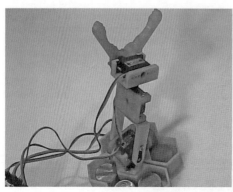

圖 5-16　調整第四顆馬達至 160 度

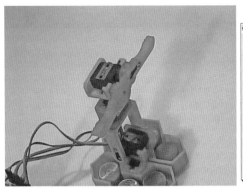
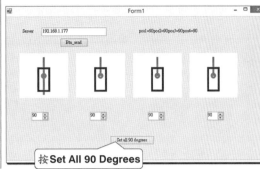

圖 5-17　按 Set all 90 degrees 鍵

補充站

「嫌犯的 IP 位址在 78.167.26.344，快去抓人。」相信熟悉網路的網友看到美劇中的探員說出此句話會感到訝異或會心一笑，因為，這個 IP 位址並不存在。

IP 位址，也就是網際網路協定位址（Internet Protocol Address）是分配給網路上裝置使用網際網路協定的數字標籤。IP 位址是唯一的，一旦重複就可能減損網路運行效率甚至癱瘓網路，其編號是由 32 位元二進位組成，為便於使用，常以每 8 位元一組的 XXX.XXX.XXX.XXX 形式表現，其中 XXX 代表 0~255 的 10 進位數，總共可以編號 $2^{32} \approx 42.95$ 億個網址（扣除特定編號者外，實際可用數量略低於此）。早期被認為此數量足夠全球的電腦使用，甚至每個人都可以分配到一個專屬的 IP 位址帶著走（當然，提出此論點的人已把部分第三世界的人口排除在外）。沒想到，行動裝置的興起讓連網裝置大量的增加，即使出現浮動 IP、IP 分享等技術，舊有的 IP 位址仍於 2011 年 2 月 3 日用盡。

幸好，自 1994 年起推出第六版的 IP 協定 IPv6，可編號至 16^{32} 個網址，這相當於在數字 34 之後連寫 37 個零，即便達到人人萬物聯網的時代，短期內應不用擔心網址匱乏的問題。至於劇中超出規範的網址，應該是編劇為免民眾困擾虛擬出來的網址吧。

第6堂課

MQTT技術應用於Arduino

一、實驗目的

二、實驗設備

三、實驗配置

四、預期實驗結果

五、MQTT技術說明

六、Arduino程式的程式流程圖

七、重點語法說明

八、Arduino程式

九、實驗步驟

十、實驗結果

一、實驗目的

　　將示範如何運用 MQTT（Message Queuing Telemetry Transport）技術，使用 Arduino Uno 開發板與網路擴充板將 JSON 資料發布至 IBM IoT Cloud 雲端平台繪製曲線。MQTT 協定的特色是資料封包很小，適合運用在互動式 M2M（機器對機器）傳輸，加速各設備間訊息的交流，實驗架構如圖 6-1 所示。

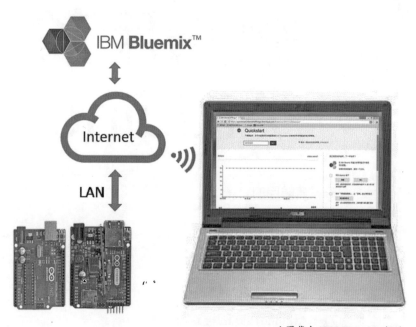

此圖截自 **IBM Bluemix** 網站

圖 6-1　MQTT 技術應用於 Arduino 實驗架構

二、實驗設備

　　電腦一台、Arduino Uno 板一個、Arduino Ethernet Shield 乙太網路擴充板（或 Arduino WiFi Shield 無線網路擴充板）一個與 IBM Bluemix 服務，見圖 6-2。

個人電腦　　　　Arduino UNO　　　Arduino 乙太網路擴充板

此圖截自 **IBM Bluemix** 網站

圖 6-2　MQTT 技術應用於 Arduino 實驗設備

三、實驗配置

將 Arduino Ethernet Shield 乙太網路擴充板裝置於 Arduino 板上，再將 Arduino Ethernet Shield 乙太網路擴充板接上網路線，電腦與 Arduino Uno 開發板間以 USB 線連接（USB Type B 頭接 Arduino Uno 開發板，USB Type A 頭接 PC），使用瀏覽器連結至 IBM IoT Cloud 平台 Quickstart 網站：「https://quickstart.internetofthings. ibmcloud.com」，如圖 6-3 所示。

四、預期實驗結果

MQTT 技術應用於 Arduino 預期實驗結果為在 IBM Quickstart 網站會看到 Arduino Uno 開發板透過網路擴充板發布之資料曲線，本範例使用 MQTT 技術發布 servo1、servo2、servo3 與 servo4 數值至雲端繪製曲線，如圖 6-4 所示。

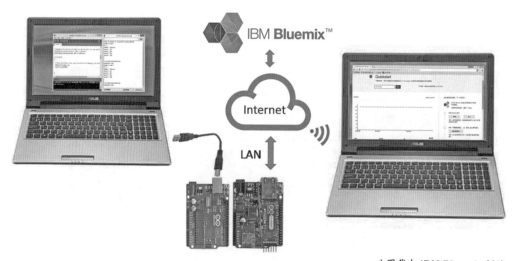

此圖截自 **IBM Bluemix** 網站

圖 6-3　MQTT 技術應用於 Arduino 實驗配置

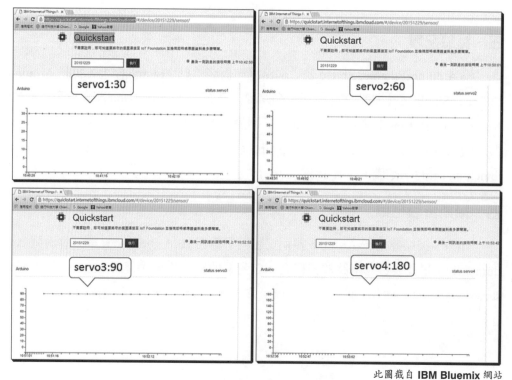

此圖截自 **IBM Bluemix** 網站

圖 6-4　MQTT 技術應用於 Arduino 預期實驗結果

五、MQTT 技術說明

　　工業 4.0 中所提到的智慧工廠，在物聯網傳輸當中，會遇到一些問題，例如在網路不穩定的情況下，如何保證數據傳輸沒有問題及不被重複發送、斷開後要如何進行重新連結，以及不同設備和感測器之間要如何進行溝通與各服務器之間接入和處理能力，爲了解決上述的問題，已經有不少通訊協議被提出，例如 MQTT（Message Queuing Telemetry Transport），它是爲了物聯網而設計的 Protocol，是一種互動式 M2M（機器對機器）傳輸技術，經由隊列（Queue）的概念，將特定應用資料（訊息）寫入和檢索出隊列來傳輸資料，無須專用的連結來連接訊息。而使用 MQTT 協定的特色是資料封包很小，因此能夠有效地把資訊遞送到一個或多個接收裝置，如圖 6-5，也適合在行動應用和移動裝置上。此技術可簡化、加速各設備間各種信息的交流，並可確保於安全、可靠的資訊交換狀況下完成通訊。圖 6-5 爲發布者（Publisher）發布信息至 MQTT Broker，多位訂閱者（Subscriber），若訂閱與發布者相同 Topic 的資料，則發布者可將訊息傳送至多位訂閱者處。

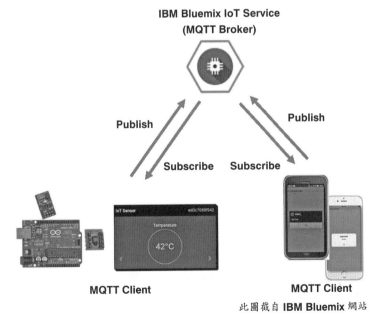

圖 6-5　MQTT 概觀

　　本實驗使用 IBM Internet of Things Foundation Quickstart Service，能快速地體驗到將元件連上 IBM 提供的 MQTT Broker，參考網站：「https://docs.internetofthings.ibmcloud.com/messaging/mqtt.html#/」，相關說明整理如表 6-1 所示。

表 6-1　IBM IoT 平台服務 Internet of Things Foundation Quickstart Service

項目	說明
MQTT Broker	"quickstart.messaging.internetofthings.ibmcloud.com"。
Port	1883（未加密）。
Client ID	d:org_id:device_type:device_id， 例如：d:quickstart:arduino:20151229。
MQTT 認證	Username：不需要。 Password：不需要。
Publishing Events: Topic 訂閱關鍵字	iot-2/evt/event_id/fmt/format_string， 例如：「iot-2/evt/status/fmt/json」為要將裝置發布資料給 IBM IoT Foundation 的 Quickstart 服務時的 TOPIC。

Publishing Events: payload	最大 4096 位元組。
	例如：{
	"d": {
	"myName": "Arduino",
	"servo1": 30,
	"servo2": 60,
	"servo3": 90,
	"servo4": 180
	}
	}

六、Arduino 程式的程式流程圖

　　MQTT 技術應用於 Arduino 程式流程圖如圖 6-6 所示。先要指名連結 MQTT Broker 的 IP 或網址，使用 Ethernet.begin（Mac, IP）透過網路擴充板連上網；使用 Client.connect() 連接到已指名的 MQTT Broker。若連結成功，則發布帶有 TOPIC 為 iot-2/evt/status/fmt/json 的資料至 IBM 提供的 MQTT Broker「quickstart.messaging.internetofthings.ibmcloud.com」。若資料發布成功，會在本地序列監控視窗印出

successfully sent 文字，若發布不成功會印出 unsuccessfully sent 文字。

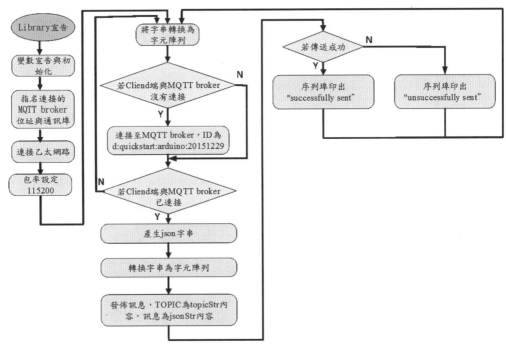

圖 6-6　MQTT 技術應用於 Arduino 程式流程圖

七、重點語法說明

MQTT 技術應用於 Arduino 的相關網站，可以參考：「http://pubsubclient.knol-leary.net/」，這網站的 Library 提供一個 Client 端可以向 MQTT Broker 發布與訂閱信息的函數，MQTT 技術應用於 Arduino 重點語法整理如表 6-2 所示。

表 6-2　MQTT 技術應用於 Arduino 重點語法整理如下：

語法	說明
char servername[]="quickstart. messaging.internetofthings.ibmcloud. com";	本範例使用 MQTT Broker 為「quickstart.messaging. internetofthings.ibmcloud.com」。

語法	說明
String clientName = String ("d: quickstart: arduino:") + macstr;	與 MQTT Broker 連現時需要有一個 Client ID，本範例將 Client ID 為字串變數 clientName，其值為「d:quickstart: arduino: 20151229」。
String topicName = String ("iot-2/evt/ status/fmt/json");	MQTT 資料的 TOPIC 定為「iot-2/evt/status/fmt/json」。
PubSubClient client (servername, 1883, 0, ethClient);	指名 MQTT Broker 與通訊埠。
Ethernet.begin(mac, ip);	透過網路擴充板連上網。
clientName.toCharArray (clientStr, 34);	將 clientName 字串轉換為長度為 34 的字元陣列 clientStr。
topicName.toCharArray (topicStr, 26);	將 topicName 字串轉換為長度為 26 的字元陣列 topicStr。
client.connected()	Client 與 MQTT Broker 已連接回傳 true，沒有連接回傳 false。
client.connect (clientStr);	Client 端連接至指名的 MQTT Broker，Client ID 為 clientStr。
String json = buildJson();	宣告字串 json，呼叫 buildJson() 函數，回傳值指定給 json 字串。
json.toCharArray (jsonStr,200);	將 json 字串轉換為長度為 200 的字元陣列 jsonStr。
boolean pubresult = client.publish (topicStr, jsonStr);	發布資料。
String buildJson()	函數宣告，回傳 JSON 格式之字串。

String data = "{";
 data+="\n";
 data+= "\"d\": {";
 data+="\n";
 data+="\"myName\": \"Arduino\",";
 data+="\n";
 data+="\"servo1 \": ";
 data+=pos1;
 data+= ",";
 data+="\n";
 data+="\"servo2 \": ";
 data+=pos2;
 data+= ",";
 data+="\n";
 data+="\"servo3 \": ";
 data+=pos3;
	JSON 格式字串
	{
	"d": {
	"myName": "Arduino",
	"servo1 ": 30,
	"servo2 ": 60,
	"servo3 ": 90,
	"servo4 ": 180
	}
	}

語法	說明
data+= ","; data+="\n"; data+="\"servo4 \": "; data+=pos4; data+="\n"; data+="}"; data+="\n"; data+="}";	

八、Arduino 程式

表 6-3　MQTT 技術應用於 Arduino 程式與說明

```
#include <SPI.h>
#include <Ethernet.h>          ← Library 宣告
#include <PubSubClient.h>


int pos1 = 30;
int pos2 = 60;                 ← 變數宣告與初始化
int pos3 = 90;
int pos4 = 180;


                          請更改 MAC 位址最後 4 個位元組

byte mac[]    = {0xDE, 0xED, 0xBA, 0xFE, 0xFE, 0xED };

                請修改為獨特的字串，在 Quickstart 網站辨識裝置時須輸入

char macstr[] = "20151229";

                裝置所在的 IP 位址，須配合區網之設定

byte ip[]     = {192, 168, 1,177 };

                     MQTT Broker 位址
char
servername[]="quickstart.messaging.internetofthings.ibmcloud.com";

                     IBM IoT Quickstart 平台的 Client ID

String clientName = String("d:quickstart:arduino:") + macstr;
```

IBM IoT Quickstart 平台 MQTT 的 TOPIC

```
String topicName = String("iot-2/evt/status/fmt/json");
```

創造 EthernetClient 物件

```
EthernetClientethClient;
```

指名 MQTT Broker 位址與通訊埠

```
PubSubClient client(servername, 1883, 0, ethClient);

void setup()
{
Ethernet.begin(mac, ip);
```

連接網路

```
Serial.begin(115200);
```

開啓序列埠，包率為 115200

```
}

void loop()
{
```

將 clientName 字串值轉為位元陣列

```
    char clientStr[34];
clientName.toCharArray(clientStr,34);
```

將 topicName 字串值轉為位元陣列

```
char topicStr[26];
topicName.toCharArray(topicStr,26);
```

若 client 端與 MQTT Broker 沒有連接

```
   if (!client.connected()) {
Serial.print("Trying to connect to:");
Serial.println(clientStr);
client.connect(clientStr);
```

連接 MQTT Broker，Client ID 為 clientStr 之值

```
   }
```

若 client 端與 MQTT Broker 已連接

```
if (client.connected() ) {
```

創造 JSON 格式字串 json

```
String json = buildJson();
    char jsonStr[200];
```

轉換字串 json 值為字元陣列

```
json.toCharArray(jsonStr,200);
```

發布資料至 MQTT Broker，TOPIC 為
topicStr 值，訊息內容為 jsonStr 值

```
booleanpubresult = client.publish(topicStr,jsonStr);
Serial.print("attempt to send");
Serial.println(jsonStr);
Serial.print("to");
Serial.println(topicStr);
    if (pubresult)
```

若發布資料成功

```
Serial.println("successfully sent");
```

若發布資料不成功

```
    else
Serial.println("unsuccessfully sent");
  }
  delay(5000);
}
```

函數宣告，回傳 JSON 格式之字串

```
String buildJson() {
  String data = "{";
  data+="\n";
  data+= "\"d\": {";
  data+="\n";
  data+="\"myName\": \"Arduino\",";
  data+="\n";
  data+="\"servo1 \": ";
  data+=pos1;
  data+= ",";
  data+="\n";
  data+="\"servo2 \": ";
  data+=pos2;
  data+=",";
  data+="\n";
  data+="\"servo3 \": ";
  data+=pos3;
  data+= ",";
  data+="\n";
  data+="\"servo4 \": ";
```

```
    data+=pos4;
    data+="\n";
    data+="}";
    data+="\n";
    data+="}";
    return data;
}
```

九、實驗步驟

MQTT 技術應用於 Arduino 實驗步驟整理如下。下載 pubsubclient library →開啟 Arduino IED 編輯→驗證與上傳至 Arduino Uno→瀏覽器連結 IBM quickstart 網站。

1. 下載 pubsubclient library

使用瀏覽器連結網址：「http://pubsubclient.knolleary.net/」，點選最後的 library 版本下載處，如圖 6-7 所示。連到最後版本的下載頁面，下載 Source code（zip）檔。

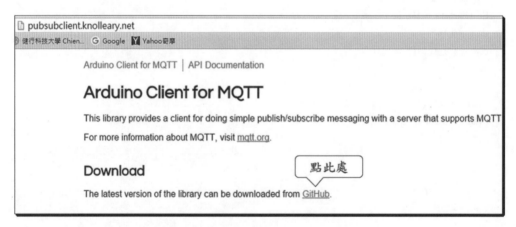

圖 6-7　點選最後的 library 版本下載處

若最後版本為 2.4，則下載的檔案為 pubsubclient-2.4.zip。解壓縮以後把資料夾複製至 Arduino IDE 安裝路徑下的 libraries 資料夾下，例如：「c:/Program Files（x86）/Arduino/libraries/pubsubclient-2.4/」，如圖 6-8 所示。

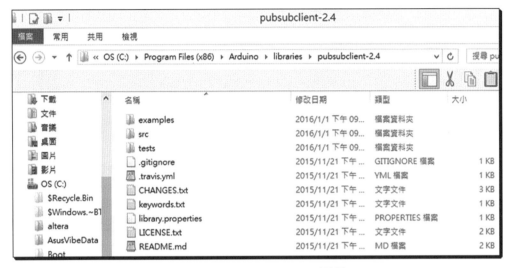

圖 6-8　pubsubclient-2.4 目錄

2. 開啟 Arduino IDE 編輯

重新啟動 Arduino IDE，將表 6-3 之程式輸入，另存為 Exam6-1，如圖 6-9。在此設定裝置 ID（device_id）為 20151229。

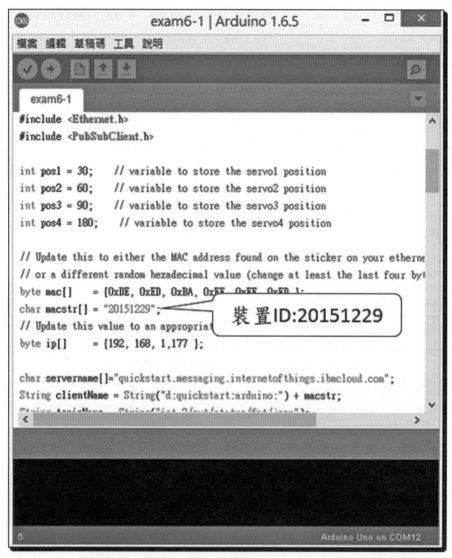

圖 6-9　編輯 MQTT 技術應用於 Arduino 程式

3. 驗證與上傳至 Arduino Uno

驗證程式無誤後上傳至 Arduino Uno，再開啟序列監控視窗監看連結狀況，如圖 6-10 所示。

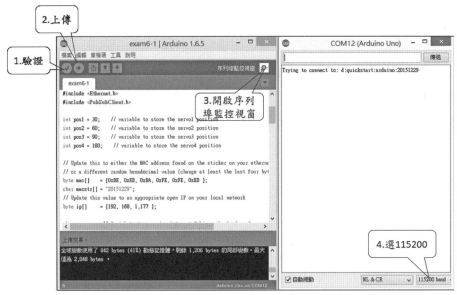

圖 6-10　編譯與上傳至 Arduino Uno

4. 瀏覽器連結 IBM Quickstart 網站

開啓瀏覽器連結 IBM IoT Foundation 服務網站：「https://quickstart.internetofth-ings.ibmcloud.com/」，不需要註冊，即可將您的裝置連接至 IoT Foundation 並檢視即時感應器資料。如圖 6-11，輸入裝置 ID「20151229」，再按「執行」鍵。

此圖截自 **IBM Bluemix** 網站

圖 6-11　瀏覽器連結 IBM Quickstart 網站

十、實驗結果

若有連結成功可以由瀏覽器觀看不同變數之曲線，在 Quickstart 頁面：「https://quickstart.internetofthings.ibmcloud.com/#/device/20151229/sensor/」，會畫出曲線圖，頁面最下方可以看到裝置發布至 IoT Foundation 之資料，如圖 6-12 所示。可以看到目前資料都是定值，servo1 為 30、servo2 為 60、servo3 為 90、servo4 為 180。

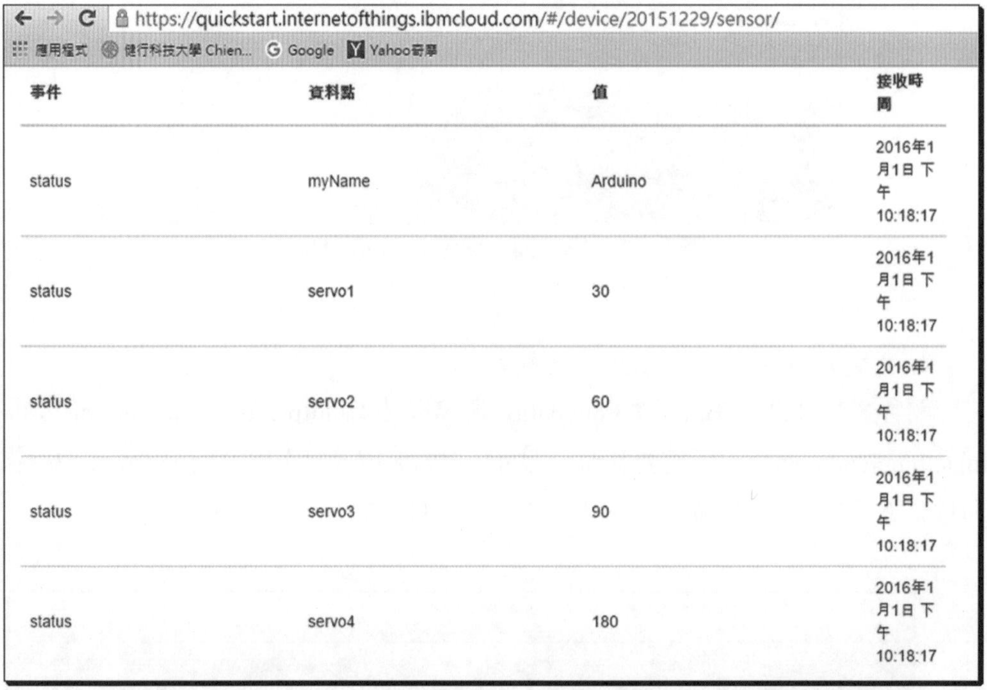

事件	資料點	值	接收時間
status	myName	Arduino	2016年1月1日 下午 10:18:17
status	servo1	30	2016年1月1日 下午 10:18:17
status	servo2	60	2016年1月1日 下午 10:18:17
status	servo3	90	2016年1月1日 下午 10:18:17
status	servo4	180	2016年1月1日 下午 10:18:17

此圖截自 **IBM Bluemix** 網站

圖 6-12　裝置發布至 IoT Foundation 之資料

使用滑鼠點欲觀察的變數曲線圖，分別點選 servo1、servo2、servo3 與 servo4，可以看到如圖 6-13 的結果。

此圖截自 **IBM Bluemix** 網站

圖 6-13　各變數的曲線圖

2005 年，義大利一所學校的老師 Massimo Banzi 與西班牙籍晶片工程師 David Cuartielles 討論如何做出一塊便宜好用的微控制器電路板，David Mellis 僅以兩天就設計出一套簡單易用的編程語言。這塊成為風靡全球並掀起電子業教育革命的電路板就是——Arduino。

Arduino 最大的特色就是開放，不僅軟體碼開放連硬體電路也開放，任何人都可生產或是重新設計電路板，甚至銷售原設計的複製品不須支付版稅也不用取得 Arduino 團隊的許可。然而，必須說明原始 Arduino 團隊的貢獻，也不能擅用被註冊的 Arduino 商標。

不幸的是，因為龐大的商業利益，Arduino 公司目前正因鬧雙胞打官司中，進而影響到使用者學習使用新電路板的意願，希望這場官司能夠趕快落幕。

CHAPTER ▶▶ ▶

MQTT技術應用於馬達監控

一、實驗目的

二、實驗設備

三、實驗配置

四、預期實驗結果

五、程式流程圖

六、重點語法說明

七、Arduino程式

八、實驗步驟

九、實驗結果

一、實驗目的

此實驗示範如何運用 MQTT（Message Queuing Telemetry Transport）技術，使用 Arduino Uno 開發板與網路擴充板將機器手臂狀況以 JSON 格式發布至 IBM IoT Cloud 雲端平台繪製曲線。MQTT 協定的特色是資料封包很小，適合運用在互動式 M2M（機器對機器）傳輸，加速各設備間訊息的交流。MQTT 技術應用於馬達監控實驗架構如圖 7-1 所示。

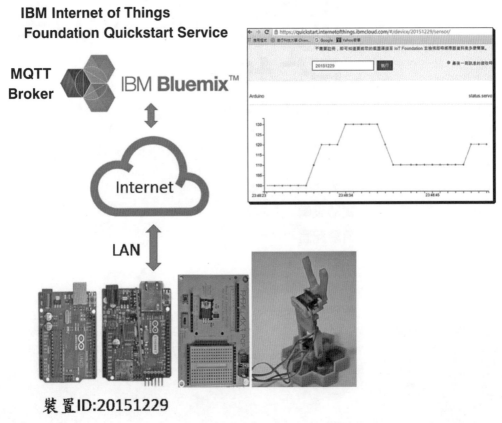

此圖截自 **IBM Bluemix** 網站

圖 7-1　MQTT 技術應用於馬達監控架構圖

二、實驗設備

Arduino Uno 板一個、Arduino Ethernet Shield 乙太網路擴充板（或 Arduino WiFi Shield 無線網路擴充板）一個、Arduino 擴充板一個、5V 3A 變壓器一個、四個伺服機 MG90S 與桿件組成的機器手臂姿態。電腦一台與 Visual Studio 2012 以上 C# 的 Windows Form 應用程式，如圖 7-2 所示。

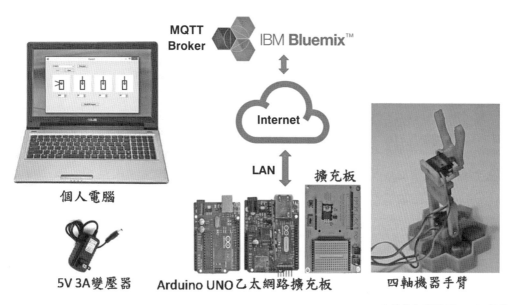

此圖截自 **IBM Bluemix** 網站

圖 7-2　MQTT 技術應用於馬達監控實驗設備

三、實驗配置

將擴充板裝置於 Arduino 板上，本範例將四個伺服機分別接至擴充板上的 6、7、8、9 腳。電腦與 Arduino Uno 開發板間以 USB 線連接，Arduino Uno 板接 5V 3A 變壓器，再將 Arduino Ethernet Shield 乙太網路擴充板接上網路線，如圖 7-3 所示，注意馬達顏色最深的線是接 GND。

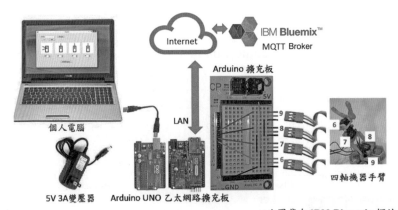

圖 7-3　MQTT 技術應用於馬達監控實驗配置

四、預期實驗結果

　　MQTT 技術應用於馬達監控實驗結果整理如圖 7-4 所示。由電腦人機介面透過序列埠控制四軸機器手臂端角度，機器手臂控制板 Arduino Uno 再將機器手臂狀況以 JSON 格式發布至 IBM IoT Cloud 雲端平台 MQTT Broker，IBM Internet of Things Foundation Quickstart Service 網頁繪製曲線。

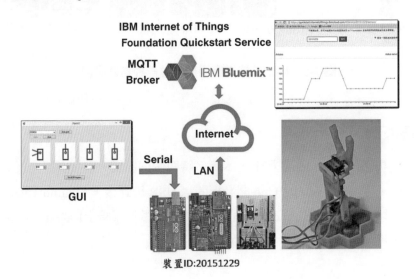

圖 7-4　MQTT 技術應用於馬達監控預期實驗結果

五、程式流程圖

　　MQTT 技術應用於馬達監控 Arduino 程式流程圖如圖 7-5 所示。先要指名連結 MQTT Broker 的 IP 或網址，使用 Ethernet.begin（Mac, IP）透過網路擴充板連上網。從序列埠收到的字串中，解析出控制各伺服機的控制角度，再進行伺服機的控制。使用 client.connect() 連接到已指名的 MQTT Broker。若連結成功，將各伺服機的角度建立成 JSON 格式，再發布帶有 TOPIC 為 iot-2/evt/status/fmt/json 的資料至 IBM 提供的 MQTT Broker「quickstart.messaging.internetofthings.ibmcloud.com」。若資料發布成功，會在本地序列監控視窗印出 successfully sent 文字，若發布不成功則會印出 unsuccessfully sent 文字。

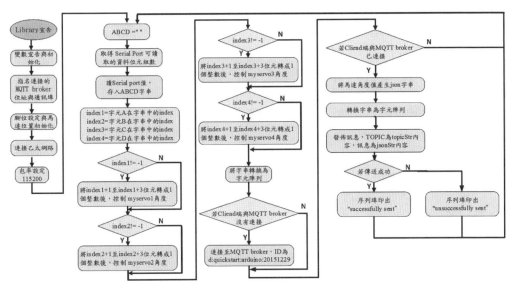

圖 7-5　MQTT 技術應用於馬達監控 Arduino 程式流程圖

六、重點語法說明

表 7-1　MQTT 技術應用於馬達監控重點語法整理如

語法	說明
indexOf()	找出字串中某個特定的字元的第一個序號。 String ABCD ="A180B090D120C030"; int index3 = ABCD.indexOf ('C') ; 會得到 index3 為 12 的結果。
char servername[]="quickstart.messaging. internetofthings.ibmcloud.com";	本範例使用 MQTT Broker 為「quickstart.messaging. internetofthings.ibmcloud.com」。
String clientName = String ("d: quickstart: arduino:") + macstr;	與 MQTT Broker 連線時需要有一個 Client ID，本範例 將 Client ID 為字串變數 clientName，其值為「d:quickst art:arduino:20151229」。
String topicName = String("iot-2/evt/status/ fmt/json");	MQTT 資料的 TOPIC 定為 「iot-2/evt/status/fmt/json」。
PubSubClient client (servername, 1883, 0, ethClient);	指名 MQTT Broker 與通訊埠。
Ethernet.begin(mac, ip);	透過網路擴充板連上網。
clientName.toCharArray (clientStr, 34);	將 clientName 字串轉換為長度為 34 的字元陣列 clientStr。
topicName.toCharArray (topicStr, 26);	將 topicName 字串轉換為長度為 26 的字元陣列 topicStr。
client.connected()	Client 與 MQTT Broker 已連接回傳 True，沒有連接回 傳 False。
client.connect(clientStr);	Client 端連接至指名的 MQTT Broker，Client ID 為 clientStr。
String json = buildJson();	宣告字串 json，呼叫 buildJson() 函數，回傳值指定給 json 字串。
json.toCharArray(jsonStr,200);	將 json 字串轉換為長度為 200 的字元陣列 jsonStr。
boolean pubresult = client.publish (topicStr, jsonStr);	發布資料。

語法	說明
String data = "{";	JSON 字串
data+="\n";	{
data+= "\"d\": {";	"d": {
data+="\n";	"myName": "Arduino",
data+="\"myName\": \"Arduino\",";	"servo1": 30,
data+="\n";	"servo2": 60,
data+="\"servo1 \": ";	"servo3": 90,
data+=pos1;	"servo4": 180
data+= ",";	}
data+="\n";	}
data+="\"servo2 \": ";	
data+=pos2;	
data+= ",";	
data+="\n";	
data+="\"servo3 \":";	
data+=pos3;	
data+= ",";	
data+="\n";	
data+="\"servo4 \":";	
data+=pos4;	
data+="\n";	
data+="}";	
data+="\n";	
data+="}";	

七、Arduino 程式

表 7-2　MQTT 技術應用於馬達監控 Arduino 程式與說明

```
#include <Servo.h>
#include <stdlib.h>          Library 宣告
#include <SPI.h>
#include <Ethernet.h>
#include <PubSubClient.h>
```

```
Servo myservo1;
Servo myservo2;
Servo myservo3;          變數宣告與初始化
Servo myservo4;
int pos1 = 90;
int pos2 = 90;
int pos3 = 90;
int pos4 = 90;
                         請更改 MAC 位址最後 4 個位元組
byte mac[]   = {0xDE, 0xED, 0xBA, 0xFE, 0xFE, 0xED };

                  請修改為獨特的字串，在 Quickstart 網站辨識裝置時須輸入

char macstr[] = "20151229";

                  裝置所在的 IP 位址，須配合區網之設定

byte ip[]    = {192, 168, 1,177 };
                                   MQTT Broker 位址
char servername[]="quickstart.messaging.internetofthings.ibmcloud.com";

                         IBM IoT Quickstart 平台的 Client ID

String clientName = String("d:quickstart:arduino:") + macstr;

                         IBM IoT Quickstart 平台 MQTT 的 TOPIC

String topicName = String("iot-2/evt/status/fmt/json");
EthernetClientethClient;          創造 EthernetClient 物件

                  指名 MQTT Broker 位址與通訊埠

PubSubClient client(servername, 1883, 0, ethClient);

void setup()
{
  myservo1.attach(6);
  myservo2.attach(7);          腳位設定與馬達位置初始化
  myservo3.attach(8);
  myservo4.attach(9);
  myservo1.write(pos1);
  myservo2.write(pos2);
  myservo3.write(pos3);
```

```
  myservo4.write(pos4);
Ethernet.begin(mac, ip);
Serial.begin(115200);
}

void loop()
{
  String ABCD ="";

while (Serial.available()) {
    char cc=Serial.read();
        ABCD += cc;
  }
Serial.println(ABCD);
    int32_t index1 = ABCD.indexOf("A");
    int32_t index2 = ABCD.indexOf("B");
    int32_t index3 = ABCD.indexOf("C");
    int32_t index4 = ABCD.indexOf("D");
    if (index1 != -1)
{

        pos1 = (ABCD[index1+1]-48)*100+(ABCD[index1+2]-48)*10+(ABCD[index1+3]-48);

Serial.println (pos1);
        myservo1.write(pos1);
}
    if (index2 != -1)
    {
        pos2 = (ABCD[index2+1]-48)*100+(ABCD[index2+2]-48)*10+(ABCD[index2+3]-48);
Serial.println (pos2);
        myservo2.write(pos2);
    }

if (index3 != -1)
    {
        pos3 = (ABCD[index3+1]-48)*100+(ABCD[index3+2]-48)*10+(ABCD[index3+3]-48);
        Serial.println (pos3);
        myservo3.write(pos3);
    }
```

連接網路

開啟序列埠，包率為 115200

宣告字串 ABCD

當 Serial Port 可讀取的資料位元組數目大於 0

將讀取的資料存入字串 ABCD 中

字元 A 在字串中的 index
字元 B 在字串中的 index
字元 C 在字串中的 index
字元 D 在字串中的 index

若字串中有 A

將 A 後面三字元轉成整數

控制 myservo1 伺服機角度

若字串中有 B　　將 B 後面三字元轉成整數

控制 myservo2 伺服機角度

若字串中有 C　　將 C 後面三字元轉成整數

控制 myservo3 伺服機角度

```
    if (index4 != -1)                若字串中有 D        將 D 後面三字元轉成整數
    {
        pos4 = (ABCD[index4+1]-48)*100+(ABCD[index4+2]-48)*10+(ABCD[index4+3]-48);
Serial.println (pos4);
        myservo4.write(pos4);        控制 myservo4 伺服機角度
    }

                        將 clientName 字串值轉為位元陣列
    char clientStr[34];
clientName.toCharArray(clientStr,34);

                        將 topicName 字串值轉為位元陣列
    char topicStr[26];
topicName.toCharArray(topicStr,26);

    if (!client.connected()) {        若 client 端與 MQTT Broker 沒有連接
Serial.print("Trying to connect to:");
Serial.println(clientStr);
client.connect(clientStr);           連接 MQTT Broker，Client ID 為 clientStr 之值
    }
    if (client.connected() ) {        若 client 端與 MQTT Broker 已連接

    String json = buildJson();        創造 JSON 格式字串 json
    char jsonStr[200];
json.toCharArray(jsonStr,200);       轉換字串 json 值為字元陣列

        發布伺服機角度資料至 MQTT Broker，TOPIC
        為 topicStr 值，訊息內容為 jsonStr 值

    booleanpubresult = client.publish(topicStr,jsonStr);
Serial.print("attempt to send");
Serial.println(jsonStr);
Serial.print("to");
Serial.println(topicStr);
    if (pubresult)                    若發布資料成功
Serial.println("successfully sent");
else
                        若發布資料不成功
Serial.println("unsuccessfully sent");
    }
    delay(1000);
}
```

函數宣告，回傳 JSON 格式之字串

```
String buildJson() {
  String data = "{";
  data+="\n";
  data+= "\"d\": {";
  data+="\n";
  data+="\"myName\": \"Arduino\",";
  data+="\n";
  data+="\"servo1 \": ";
  data+=pos1;
  data+= ",";
  data+="\n";
  data+="\"servo2 \": ";
  data+=pos2;
  data+= ",";
  data+="\n";
  data+="\"servo3 \": ";
  data+=pos3;
  data+= ",";
  data+="\n";
  data+="\"servo4 \": ";
  data+=pos4;
  data+="\n";
  data+="}";
  data+="\n";
  data+="}";
  return data;
}
```

八、實驗步驟

　　MQTT 技術應用於馬達監控實驗步驟整理如下。開啟 Arduino IED 編輯→驗證與上傳至 Arduino Uno→執行 VC# 操控機器手臂→瀏覽器連結 IBM Quickstart 網站。

1. 開啟 Arduino IDE 編輯

啟動 Arduino IDE，將表 7-2 之程式輸入，另存為 Exam7-1，如圖 7-6 所示。
在此設定裝置 ID（device_id）為 20151229。

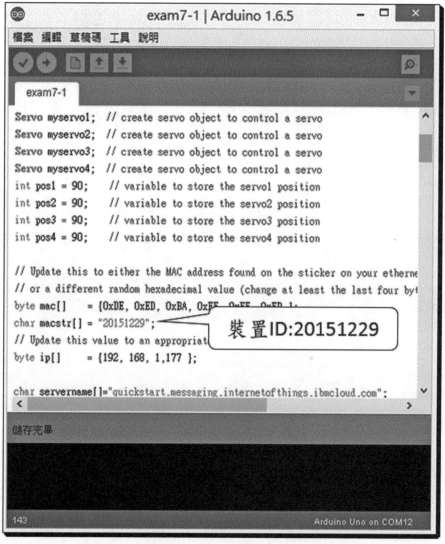

圖 7-6　編輯 MQTT 技術應用於馬達監控程式

2. 驗證與上傳至 Arduino Uno

驗證程式無誤後上傳至 Arduino Uno，如圖 7-7 所示。

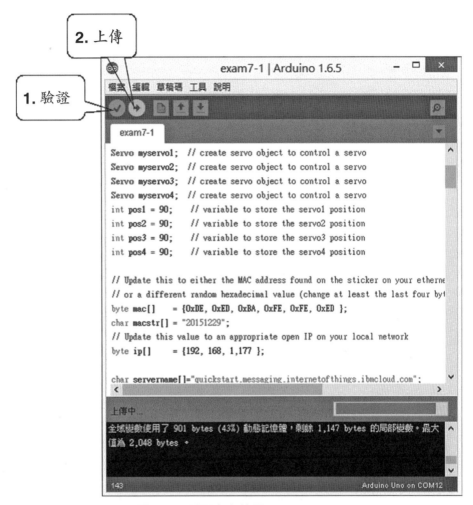

圖 7-7　編譯與上傳至 Arduino Uno

3. 執行 VC# 操控機器手臂

按 Visual Studio 開始執行應用程式，出現應用程式表單，操作步驟如圖 7-8 所示。

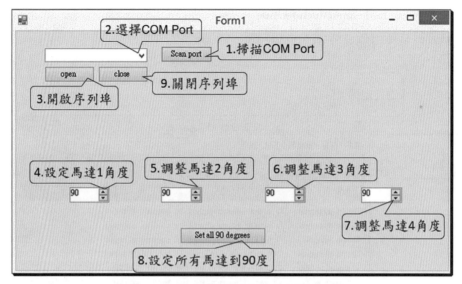

圖 7-8　VC# 應用程式人機介面操作步驟

4. 瀏覽器連結 IBM Quickstart 網站

開啓瀏覽器連結 IBM IoT Foundation 服務網站：「https://quickstart.internetofthings.ibmcloud.com/」，不需要註冊，即可將您的裝置連接至 IoT Foundation 並檢視即時感應器資料。如圖 7-9 所示，輸入裝置 ID「20151229」，再按「執行」鍵。

此圖截自 **IBM Bluemix** 網站

圖 7-9　瀏覽器連結 IBM Quickstart 網站

九、實驗結果

　　MQTT 技術應用於馬達監控實驗結果，機器手臂裝置若與 MQTT Broker 連結成功，則可以由瀏覽器觀看各馬達的狀況曲線圖。在 Quickstart 頁面：「https://quickstart.internetofthings.ibmcloud.com/#/device/20151229/sensor/」，看到裝置發布至 IoT Foundation 之資料曲線圖，可透過人機介面由序列埠改變伺服機角度，同時在 Quickstart 網頁上的曲線也會跟著發生變化，如圖 7-10 所示。

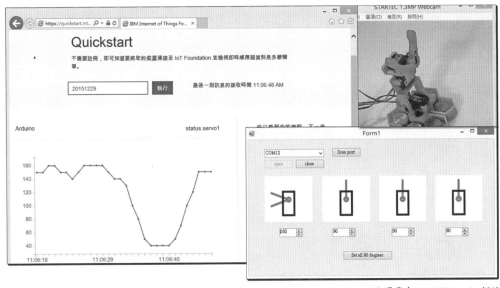

此圖截自 **IBM Bluemix** 網站

圖 7-10　伺服機變化狀況發布至 IBM IoT Quickstart 服務並繪製曲線

補充站

MQTT 的全名為 Message Queuing Telemetry Transport，為 IBM 和 Eurotech 為了物聯網共同制定出來的協定，所須的網路頻寬及硬體資源相對較低，以利物聯網的應用。目前 IBM 對 MQTT 採開放、免費的方式，並進行標準化，希望將來能成為一種主流的協定。

MQTT 訊息傳送服務的品質有三種模式：

1. At Most Once（最多傳一次）：僅發送一次訊息，所以可能會遺失；對於不停取樣且不在意流失幾筆資料時，可使用此模式，例如可用在量測氣溫的變化。

2. At Least Once（至少傳一次）：保證訊息一定會傳送給對方，但有可能會重複發送；可用在發出邀請之類的應用。

3. Exactly Once（正好傳一次）：確定訊息能傳送到且僅能送到一次；適用在收費系統，沒扣到錢或多扣錢皆不能允許。

第8堂課

使用ESP8266 URAT轉WiFi 模組

一、實驗目的

二、實驗設備

三、實驗配置

四、預期實驗結果

五、實驗流程

六、AT指令

七、實驗步驟

八、實驗結果

一、實驗目的

測試 ESP8266 UART 轉 WiFi 模組（ESP-01 封裝），如圖 8-1 所示，ESP8266 是 UART 轉 WiFi 模組，具有 AP（Access Point 網路基地台模式）、STA（無線網卡模式）、AP + STA（共存模式），價格低廉，可以應用在智慧控制與物聯網方面。本實驗使用 AT 指令來設定此模組參數及功能，由 Arduino IDE 之序列監控視窗傳送指令與顯示 ESP8266 回傳訊息。本範例將 ESP8266 模組設定為 TCP Server，再由瀏覽器以 HTTP/1.1 傳送訊息至 ESP8266 端。

圖 8-1　ESP8266 UART 轉 WiFi 模組

二、實驗設備

使用 ESP8266 URAT 轉 WiFi 模組實驗需要電腦一台、一個 Arduino Uno 板、一個 ESP8266 模組與一個麵包板，如圖 8-2 所示。

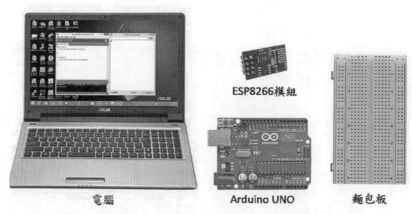

ESP8266模組

電腦　　　Arduino UNO　　　麵包板

圖 8-2　使用 ESP8266 UART 轉 WiFi 模組實驗設備

三、實驗配置

　　使用 ESP8266 URAT 轉 WiFi 模組之實驗配置需要將 Arduino Uno 板上 GND 腳與 ESP8266 模組 GND 腳相接，Arduino Uno 板上 Pin 1（Tx 腳）與 ESP8266 模組 GND 腳相接，Arduino Uno 板上 Pin 0（Rx 腳）與 ESP8266 模組 Rx 腳相接，Arduino Uno 板上 3.3V 與 ESP8266 模組 VCC 腳與 CP_PD 腳相接（須外接麵包板）。電腦與 Arduino Uno 開發板間以 USB 線連接，如圖 8-3 與表 8-1 所示。

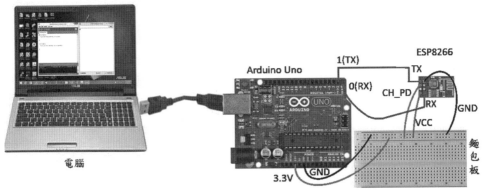

圖 8-3　使用 ESP8266 URAT 轉 WiFi 模組實驗配置

表 8-1　使用 ESP8266 UART 轉 WiFi 模組實驗配置

連接	
Arduino Uno RX (Digital pin 0)	ESP8266 RX
Arduino Uno TX (Digital pin 1)	ESP8266 TX
Arduino Uno 3.3V（由麵包板轉接）	ESP8266 VCC
Arduino Uno 3.3V（由麵包板轉接）	ESP8266 CH_PD
Arduino Uno GND（由麵包板轉接）	ESP8266 GND

四、預期實驗結果

本實驗是使用 AT 指令來設定 ESP8266 模組之功能，由 Arduino IDE 之序列監控視窗傳送指令與顯示 ESP8266 回傳訊息。本範例將 ESP8266 模組設定為 TCP Server，再由瀏覽器以 HTTP/1.1 傳送訊息至 ESP8266 端。使用 ESP8266 WiFi 模組預期實驗結果：由瀏覽器（Client 端）輸入 ESP8266 模組建立的 TCP Server 位址，會在 Server 端（ESP8266 模組）收到的訊息呈現在序列埠監控視窗，如圖 8-4 所示。

Client 端

Server 端

圖 8-4　使用 ESP8266 WiFi 模組預期實驗結果

五、實驗流程

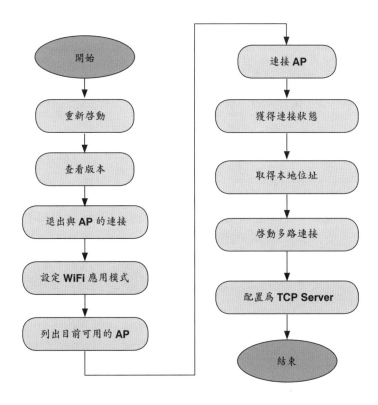

圖 8-5　使用 ESP8266 WiFi 模組實驗流程

六、AT 指令

表 8-1　AT 指令舉例與說明

指令	說明	回應
AT	測試 AT 啓動。	OK
AT+RST	重新啓動。	參數…. Ready

指令	說明	回應
AT+GMR	查看版本。	AT+GMR AT version:0.25.0.0(Jun 5 2015 16:27:16) SDK version:1.1.1 Ai-Thinker Technology Co. Ltd. Jun 23 2015 23:23:50 OK
AT+CWQAP	退出與 AP 的連接。	AT+CWQAP OK WIFI DISCONNECT
AT+CWMODE=\<mode\>	設定 WIFI 應用模式。 \<Mode\>： 1: Staion 模式， 2: AP 模式， 3: AP 兼 Station 模式。	AT+CWMODE=1 OK
AT+CWLAP	列出目前可用的 AP。	AT+CWLAP +CWLAP:(4,"ASUS",-65,"c8:60:00:93:d7:20",1) +CWLAP:(4,"LRC_F",-37,"b8:55:10:d4:1e:cc",11) OK
AT+CWJAP="ssid","wifi_pwd"	連接 AP。	AT+CWJAP="ssid","wifi_pwd" WIFI CONNECTED WIFI GOT IP OK
AT+CIPSTATUS	獲得連接狀態。 STATUS： 1. 獲得 IP， 2. 建立連接， 3. 失去連接。	AT+CIPSTATUS STATUS:2 OK
AT+CIFSR	取得本地位址。	AT+CIFSR +CIFSR:STAIP,"192.168.1.15"

指令	說明	回應
		+CIFSR:STAMAC,"5c:cf:7f:01:d2:63" OK
AT+CIPSTART="TCP", "184.106.153.149",80	建立 TCP 連接。	AT+CIPSTART="TCP","184.106.153.149",80 CONNECT OK
AT+CIPCLOSE	關閉 TCP。	AT+CIPCLOSE CLOSED OK
AT+CIPMUX=<mode>	啓動多路連接。 <Mode>: 0: 單路連接模式， 1: 多路連接模式。	AT+CIPMUX=1 OK
AT+CIPSERVER=<mode>,<port>	配置為 TCP Server。 <Mode>: 0: 關閉 Server 模式， 1: 開啓 Server 模式。 <Port>: 連接埠 （須配合 AT+CIPMUX=1 才能開啓 TCP Server）。	AT+CIPSERVER=1,80 OK

七、實驗步驟

表 8-2　使用 ESP8266 WiFi 模組實驗步驟

步驟	說明
1	開啓 Arduino IED 範例。
2	驗證與上傳至 Arduino Uno。
3	使用序列監控視窗下 AT 指令。
4	使用瀏覽器傳送資料至 ESP8266 模組建立的 Server。

1. 開啟 Arduino IDE 範例

啟動 Arduino IDE，從「檔案」→「範例」→「Basic」→「BareMinimum」。

圖 8-6　開啟 Arduino IDE BareMinimum 範例

2. 驗證與上傳至 Arduino Uno

驗證程式無誤後上傳至 Arduino Uno，再開啟序列監控視窗輸入 AT 指令，如圖 8-7 所示。

圖 8-7　驗證與上傳至 Arduino Uno

3. 使用序列監控視窗下 AT 指令

按照圖 8-5 之流程圖下達 AT 指令，可以在 ESP8266 建立 TCP Server。先於序列監控視窗輸入 AT+RST 重新啟動 ESP8266 模組，會有回應如圖 8-8。

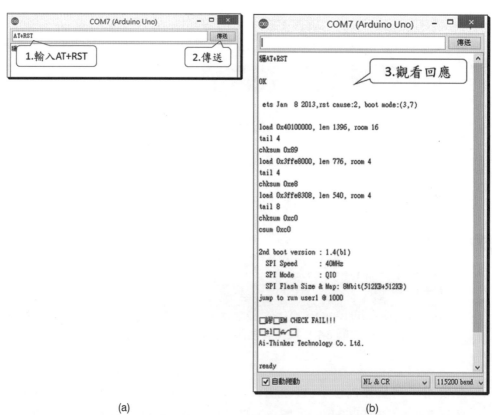

(a)   (b)

圖 8-8　輸入 AT+RST 指令重新啟動 ESP8266 模組

輸入 AT+GMR 查看 ESP8266 韌體版本，如圖 8-9。

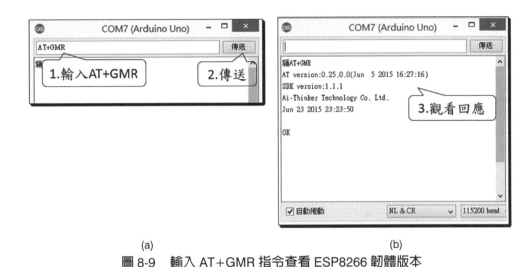

(a)　　　　　　　　　　　　　　(b)

圖 8-9　輸入 AT＋GMR 指令查看 ESP8266 韌體版本

輸入 AT+WQAP 指令切斷與 AP 之連線，如圖 8-10 所示。

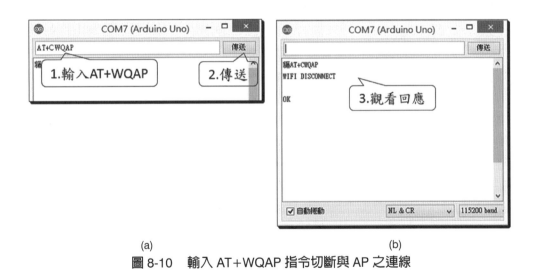

(a)　　　　　　　　　　　　　　(b)

圖 8-10　輸入 AT＋WQAP 指令切斷與 AP 之連線

輸入 AT+CWMODE=1 設定 WIFI 應用模式為 Station 模式，如圖 8-11。

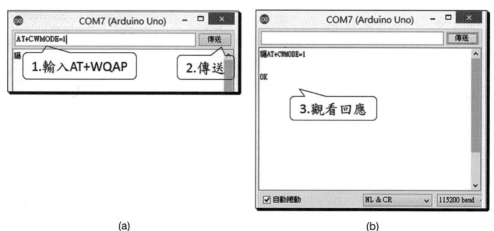

(a)   (b)

圖 8-11　　輸入 AT+CWMODE=1 設定 WIFI 應用模式為 Station 模式

輸入 AT+CWJAP="LRC_2F","wifi_pwd" 加入 AP，如圖 8-12 所示。

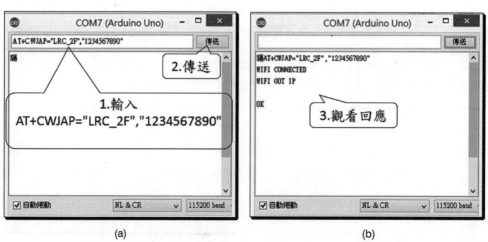

(a)   (b)

圖 8-12　　輸入 AT+CWJAP="LRC_2F","wifi_pwd" 加入 AP

輸入 AT+CIFSR 查詢本地位址，如圖 8-13 所示。此範例查詢結果為 192.168.1.15。

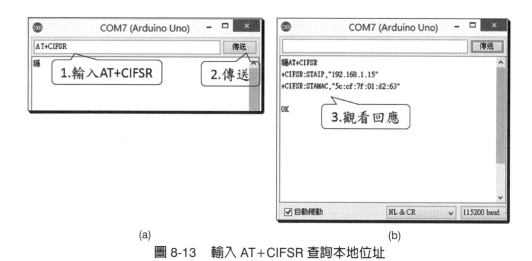

(a)　　　　　　　　　　　　　　　　(b)

圖 8-13　輸入 AT+CIFSR 查詢本地位址

輸入 AT+CIPMUX=1 設定成多路連接模式，如圖 8-14 所示。

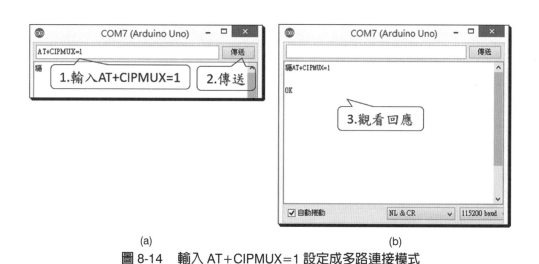

(a)　　　　　　　　　　　　　　　　(b)

圖 8-14　輸入 AT+CIPMUX=1 設定成多路連接模式

輸入 AT+CIPSERVER=1,80 配置為 TCP Server 模式，如圖 8-15 所示。

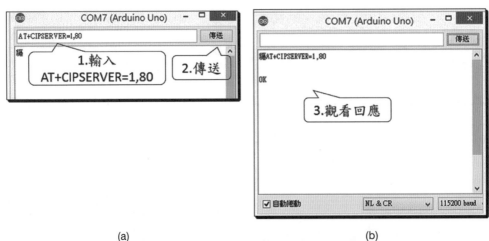

(a)　　　　　　　　　　　　　　(b)

圖 8-15　輸入 AT+CIPSERVER＝1,80 配置為 TCP Server 模式

4. 使用瀏覽器傳送資料至 ESP8266 模組建立的 Server

在同一網域的電腦或行動裝置開啓瀏覽器，輸入 ESP8266 模組建立的 Server 位址，使用 HTTP 通訊協定使用 GET 方式傳輸資料（GET 透過 URL 的 QueryString 來傳送想要的資料），例如：「192.168.1.15/?PIN=10」，如圖 8-16 所示。

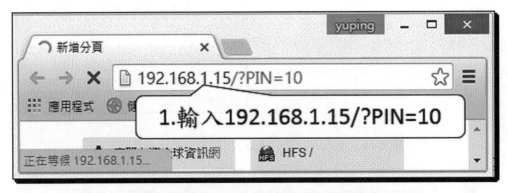

圖 8-16　使用瀏覽器傳送資料至 ESP8266 模組建立的 Server

八、實驗結果

使用 HTTP 通訊協定傳輸資料，如 192.168.1.15/?PIN=10，在序列監控視窗會看到 ESP8266 接收到的資訊。

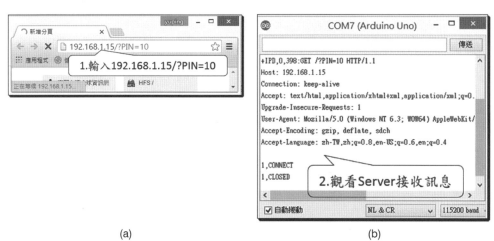

(a)　　　　　　　　　　　　　　　　　(b)

圖 8-17　使用 ESP8266 WiFi 模組實驗結果

補充站

雖然有人認為 WiFi 為 Wireless Fidelity（無線傳真）的縮寫，但實際上 WiFi 一詞沒有任何意義，也無對應到的英文全寫。儘管其發音如同字源一般也有爭議，但在實用面上則毫無疑問，WiFi 已成為 3C 產品間最常使用的一種高速無線通訊標準。

WiFi 聯盟於 1999 年成立，致力於解決符合 IEEE 802.11 標準的產品相容性問題，故也有人把 WiFi 當做 IEEE 802.11 標準的同義語。

WiFi 可分為五代。早期使用 2.4GHz 頻段，但此頻率與家用電器的微波爐以及無線通訊的藍牙頻段相近，會互相干擾，令 WiFi 速度減慢；後來則增加 5GHz 頻段，干擾較小，速度明顯提升。

第 9 堂 課

人機介面遠端監控機器手臂（使用ESP8266 WiFi模組）

一、實驗目的

二、實驗設備

三、實驗配置

四、預期實驗結果

五、Server端程式流程圖

六、Server端重點語法說明

七、Client端人機介面設計說明

八、Visual Studio C#編輯步驟

九、實驗結果

一、實驗目的

　　使用 ESP8266 架設機器手臂端的伺服器，再透過人機介面的方式，使用網路從 Client 端送訊號至伺服器端來控制四軸機器手臂。使用者可以透過此實驗，了解 ESP8266 UART 轉 WiFi 模組的應用與人機介面程式設計，達到軟體與硬體之間的溝通。接下來將說明如何編寫 VC# 與 Arduino 板透過 ESP8266 UART 轉 WiFi 模組進行溝通，進而以遠端方式透過人機介面以網路通訊監控四軸機器手臂。

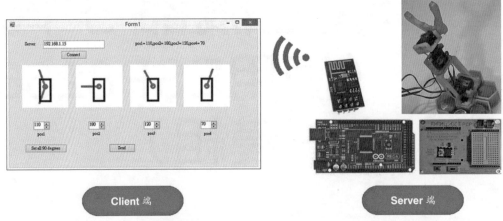

圖 9-1　人機介面遠端監控機器手臂（使用 ESP8266 WiFi 模組）

二、實驗設備

　　電腦一台、Visual Studio 2012 以上 C# 的 Windows Form 應用程式、Arduino Mega 2560 板一個、ESP8266UART 轉 WiFi 模組、5V 3A 變壓器一個、馬達擴充板一個、四個伺服機 MG90S 與桿件，Visual Studio 是用來設計 PC 上的人機介面。

ESP8266

四軸機器手臂

電腦　　　　Arduino Mega 2560　　　Arduino 擴充板

圖 9-2　人機介面遠端監控機器手臂（使用 ESP8266 WiFi 模組）實驗設備

三、實驗配置

　　擴充板上 GND 腳與 ESP8266 模組 GND 腳相接，擴充板上 3.3V 腳與 ESP8266 模組 VCC 腳與 CH_PD 腳相接。ESP8266 模組 RX 腳與 Arduino Mega 2560 板上 Pin 18（TX1 腳）相接；ESP8266 模組 TX 腳與 Arduino Mega 2560 板上 Pin 19（RX1 腳）相接，擴充板 Arduino Mega 2560 開發板層疊。本範例將四個伺服機分別接至擴充板上的伺服機接頭插槽 10、11、12 與 13（注意伺服機接線顏色最深的線是接 GND），如圖 9-3 所示與表 9-1。將電腦與 Arduino Mega 2560 開發板以 USB 線連接，並將 Arduino Mega2560 板接 5V 3A 變壓器。

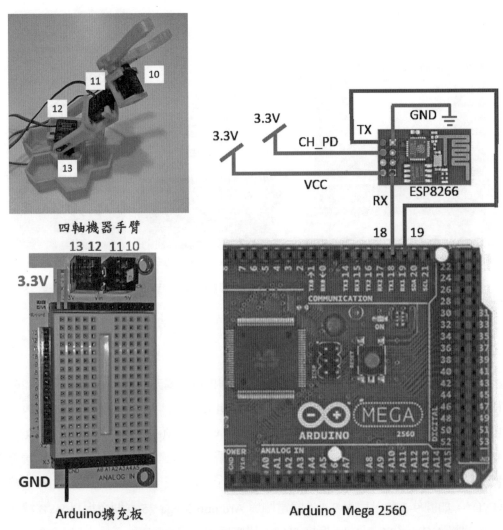

圖 9-3　人機介面遠端監控機器手臂（使用 ESP8266 WiFi 模組）實驗配置

表 9-1　人機介面遠端監控機器手臂（使用 ESP8266 WiFi 模組）實驗配置

連接	
Arduino Mega 2560 TX1 (pin 19)	ESP8266 RX
Arduino Mega 2560 RX1 (pin 18)	ESP8266 TX
擴充板 3.3V	ESP8266 VCC
擴充板 3.3V	ESP8266 CH_PD
擴充板 GND	ESP8266 GND
擴充板伺服機接頭（訊號線來自 Digital Pin 10）	控制夾爪之伺服機
擴充板伺服機接頭（訊號線來自 Digital Pin 11）	控制夾爪左右轉的伺服機
擴充板伺服機接頭（訊號線來自 Digital Pin 12）	控制手臂與地面之傾角之伺服機
擴充板伺服機接頭（訊號線來自 Digital Pin 13）	控制手臂在地面之旋轉角度之伺服機

四、預期實驗結果

四軸機器手臂端是由 Arduino Mega 2560 板透過 ESP8266 網路板建立的 Server，接收網路封包來控制機器手臂姿態，人機介面遠端監控機器手臂（使用 ESP8266 WiFi 模組）預期實驗結果如圖 9-4 所示。

操作人機介面的步驟：先輸入 Server IP →按 Connect 鍵送出請求至 Server 端，連接成功後 Server 會出現目前馬達角度→分別調整馬達角度→按 Send 鍵送出每個馬達的角度至 Server。也可按 Set all 90 degrees 鍵，再按 Send 鍵送出至 Server，可快速將所有馬達角度設定在 90 度。

五、Server 端程式流程圖

Server 端是由 Arduino Mega 2560 連接 ESP8266 與馬達控制板連接四軸機器手臂所組成，Arduino 程式流程圖如圖 9-5。先將機器手臂位置初始化以及將 esp8266 以 AT 指令設定成 Server，Eps 再接收 esp8266 序列埠之資料，尋找在 esp8266 序列埠 buffer 中的 "+IPD," 與 "?"，再將 "?" 後面的字元存入字串中，再進行字串分析，找出 A 或 B 或 C 或 D 在字串中的 index，由 A 或 B 或 C 或 D 後面的三個位元，轉換為整數分別控制四軸機器手臂的四個伺服機角度。

145

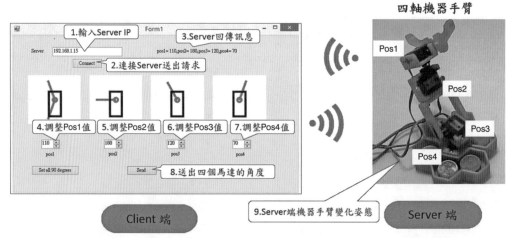

圖 9-4　人機介面遠端監控機器手臂（使用 ESP8266 WiFi 模組）預期實驗結果

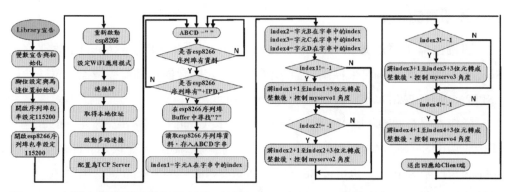

圖 9-5　人機介面遠端監控機器手臂（使用 ESP8266 WiFi 模組）Server 端 Arduino 程式流程圖

六、Server 端重點語法說明

表 9-2　人機介面遠端監控機器手臂（使用 ESP8266 WiFi 模組）Server 端 Arduino 程式重點語法說明

Arduino 程式語法	說明
#include <Servo.h>	Library 宣告。
Servo myservo1; Servo myservo2; Servo myservo3; Servo myservo4;	伺服機變數宣告。

int pos1 = 90;
int pos2 = 90;
int pos3 = 90;
int pos4 = 90;
	伺服機角度變數宣告與初值設定。

HardwareSerial& esp8266=Serial1;	設定 esp8266 使用 Arduino Mega TX1 與 RX1。
const String SSID="LRC_2F";	無線網路名稱。
const String PASSWORD="1234567890";	無線網路密碼。

myservo1.attach(10);
myservo2.attach(11);
myservo3.attach(12);
myservo4.attach(13);
	伺服機訊號線接 Arduino Mega 上的 10、11、12、13。

myservo1.write(pos1);
myservo2.write(pos2);
myservo3.write(pos3);
myservo4.write(pos4);
	設定伺服機角度。

Serial.begin(115200);	開啟序列埠，包率為 115200。
esp8266.begin(115200);	開啟 esp8266 序列埠，包率為 115200。
sendCommand("AT+RST\r\n",2000,DEBUG);	送 AT 指令「AT+RST」，重新啟動 esp8266。
sendCommand("AT+CWMODE=1\r\n",1000,DEBUG);	送 AT 指令「AT+CWMODE=1」，設定 WiFi 應用模式為 Station 模式。
sendCommand("AT+CWJAP=\""+SSID+"\",\""+PASSWORD+"\"\r\n", 3000, DEBUG);	送 AT 指令「AT+CWJAP="SSID","PASSWORD」，連接 AP。

147

Arduino 程式語法	說明
sendCommand("AT+CIFSR\r\n",1000,DEBUG);	送 AT 指令「AT+CIFSR」取得本地 IP。
Serial.println("Server Ready");	序列埠監控視窗印出 Server Ready。
esp8266.available()	esp8266 序列埠可讀取的字元數。
if(esp8266.available())	判斷是否 esp8266 序列埠是否有字元。
if(esp8266.find("+IPD,"))	判斷是否 esp8266 序列埠 Buffer 有「+PD,」的字串。
int connectionId = esp8266.read()-48;	取得連線的 ID，字元的 ASCII 碼減去 0 的 ASCII 碼。
esp8266.find("?");	從 esp8266 序列埠 Buffer 找「?」的字元。
while(esp8266.available())	一直做到序列埠沒有資料可讀取。
char c =esp8266.read();	讀取 esp8266 序列埠資料。
ABCD += c;	存入 ABCD 字串中。
nt32_t index1 = ABCD.indexOf("A")；	找出 A 在字串 ABCD 中序號。
pos1 =(ABCD[index1+1]-48)*100+(ABCD[index1+2]-48)*10+(ABCD[index1+3]-48);	將 A 後面 3 個字元轉換成整數。

content = "pos1= ";
content += pos1;
content += ",pos2= ";
content += pos2;
content += ",pos3= ";
content += pos3;
content += ",pos4= ";
content += pos4;
	組合出字串。

sendHTTPResponse(connectionId,content);	傳送字串回應 Client 端。

String closeCommand = "AT+CIPCLOSE=";
closeCommand+=connectionId; // append connection id
closeCommand+="\r\n";
 	
sendCommand(closeCommand,1000,DEBUG); // close connection
	傳送 AT 指令，關閉 Tcp 連線。

表 9-3　人機介面遠端監控機器手臂（使用 ESP8266 WiFi 模組）Server 端 Arduino 程式與說明

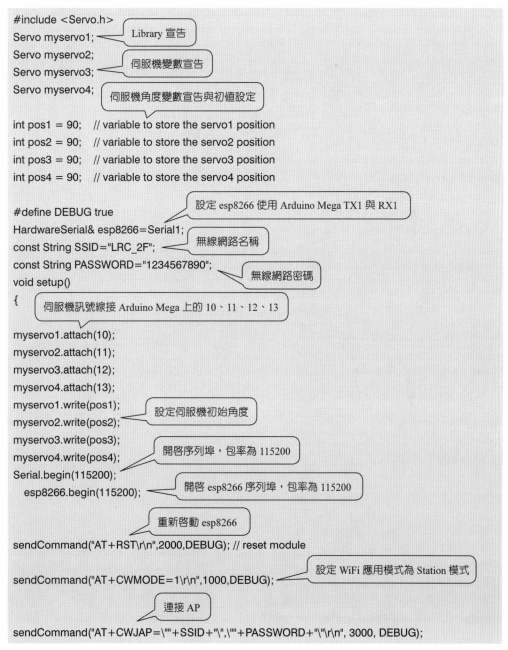

```
#include <Servo.h>
Servo myservo1;          Library 宣告
Servo myservo2;
Servo myservo3;          伺服機變數宣告
Servo myservo4;
                         伺服機角度變數宣告與初值設定

int pos1 = 90;   // variable to store the servo1 position
int pos2 = 90;   // variable to store the servo2 position
int pos3 = 90;   // variable to store the servo3 position
int pos4 = 90;   // variable to store the servo4 position

#define DEBUG true                      設定 esp8266 使用 Arduino Mega TX1 與 RX1
HardwareSerial& esp8266=Serial1;
const String SSID="LRC_2F";             無線網路名稱
const String PASSWORD="1234567890";
void setup()                            無線網路密碼
{
       伺服機訊號線接 Arduino Mega 上的 10、11、12、13

myservo1.attach(10);
myservo2.attach(11);
myservo3.attach(12);
myservo4.attach(13);
myservo1.write(pos1);       設定伺服機初始角度
myservo2.write(pos2);
myservo3.write(pos3);       開啓序列埠，包率為 115200
myservo4.write(pos4);
Serial.begin(115200);       開啓 esp8266 序列埠，包率為 115200
   esp8266.begin(115200);
                            重新啓動 esp8266

sendCommand("AT+RST\r\n",2000,DEBUG); // reset module
                                       設定 WiFi 應用模式為 Station 模式
sendCommand("AT+CWMODE=1\r\n",1000,DEBUG);
                 連接 AP
sendCommand("AT+CWJAP=\""+SSID+"\",\""+PASSWORD+"\"\r\n", 3000, DEBUG);
```

```
delay(10000);
```

取得本地 IP

```
sendCommand("AT+CIFSR\r\n",1000,DEBUG); // get ip address
```

設定為多路連接模式

```
sendCommand("AT+CIPMUX=1\r\n",1000,DEBUG);
```

配置為 TCP Server 模式，通訊埠為 80

```
sendCommand("AT+CIPSERVER=1,80\r\n",1000,DEBUG);
Serial.println("Server Ready");
```

序列埠監控視窗印出 Server Ready

```
}
void loop()
{
String ABCD ="";
```

宣告字串

```
    String content="";
```

判斷是否 esp8266 序列埠是否有字元

```
if(esp8266.available()) // check if the esp is sending a message
    {
if(esp8266.find("+IPD,"))
```

判斷是否 esp8266 序列埠 Buffer 有 "+IPD," 的字串

```
        {
delay(1000);
```

取得連線的 ID，字元的 ASCII 碼減去 0 的 ASCII 碼

```
int connectionId = esp8266.read()-48;

Serial.print(connectionId);
```

從 esp8266 序列埠 buffer 找 "?" 的字元

```
esp8266.find("?");
```

一直做到序列埠沒有資料可讀取

```
while (esp8266.available())
            {
char c =  esp8266.read();
```

讀取 esp8266 序列埠資料

```
ABCD += c;
```

存入 ABCD 字串中

```
if (c == '\n') {
Serial.print("ABCD=");
Serial.print(ABCD);
```

找出 A 在字串 ABCD 中序號

```
            int32_t index1 = ABCD.indexOf("A");
```

找出 B 在字串 ABCD 中序號

```
int32_t index2 = ABCD.indexOf("B");
```

找出 C 在字串 ABCD 中序號

```
int32_t index3 = ABCD.indexOf("C");
```

找出 D 在字串 ABCD 中序號

```
int32_t index4 = ABCD.indexOf("D");
```

若有 A 在字串 ABCD 中

```
if (index1 != -1)
    {
```

將 A 後面 3 個字元轉換成整數

```
    pos1 = (ABCD[index1+1]-48)*100+(ABCD[index1+2]-48)*10+(ABCD[index1+3]-48);
    Serial.println (pos1);
```

控制 myservo1 伺服機角度

```
myservo1.write(pos1);
    }
```

若有 B 在字串 ABCD 中

```
if (index2 != -1)
    {
```

將 B 後面 3 個字元轉換成整數

```
    pos2 = (ABCD[index2+1]-48)*100+(ABCD[index2+2]-48)*10+(ABCD[index2+3]-48);
    Serial.println (pos2);
```

控制 myservo2 伺服機角度

```
myservo2.write(pos2);
    }
```

若有 C 在字串 ABCD 中

```
if (index3 != -1)
    {
```

將 C 後面 3 個字元轉換成整數

```
    pos3 = (ABCD[index3+1]-48)*100+(ABCD[index3+2]-48)*10+(ABCD[index3+3]-48);
    Serial.println (pos3);
```

控制 myservo3 伺服機角度

```
myservo3.write(pos3);
    }
```

若有 D 在字串 ABCD 中

```
if (index4 != -1)
    {
```

將 D 後面 3 個字元轉換成整數

```
    pos4 = (ABCD[index4+1]-48)*100+(ABCD[index4+2]-48)*10+(ABCD[index4+3]-48);
```

```
              Serial.println (pos4);

myservo4.write(pos4);         控制 myservo4 伺服機角度
          }
content = "pos1= ";           組合出字串
content += pos1;
content += ",pos2=";
content += pos2;
content += ",pos3=";
content += pos3;
content += ",pos4=";
content += pos4;
              Serial.println (content);
                              傳送字串回應 Client 端
sendHTTPResponse(connectionId,content);
                              關閉 Tcp
    String closeCommand = "AT+CIPCLOSE=";
closeCommand+=connectionId; // append connection id
closeCommand+="\r\n";        關閉 Tcp 連線

sendCommand(closeCommand,1000,DEBUG); // close connection


      }
      }
    }
  }
}
                    sendData 函數
/////////////////////////////////////////////////////////
String sendData(String command, const int timeout, boolean debug)
{
   String response = "";
int i, dataSize = command.length();
char data[dataSize];
command.toCharArray(data,dataSize);
for (i = 0; i < dataSize; i++)
esp8266.write(data[i]);

if(debug)
```

```
    {
Serial.println("\r\n====== HTTP Response From Arduino ======");
    //Serial.write(data,dataSize);
for (i = 0; i < dataSize; i++)
Serial.write(data[i]);
Serial.println("\r\n========================================");
    }


long int time = millis();


while( (time+timeout) > millis())
    {
while(esp8266.available())
    {

        // The esp has data so display its output to the serial window
char c = esp8266.read(); // read the next character.
response+=c;
    }
    }


if(debug)
    {
Serial.print(response);
    }


return response;
}
```

> 回傳訊息至 Client 端的 sendHTTPResponse 函數

```
void sendHTTPResponse(int connectionId, String content)
{
    // build HTTP response
    String httpResponse;
    String httpHeader;
    // HTTP Header
httpHeader = "HTTP/1.1 200 OK\r\nContent-Type: text/html; charset=UTF-8\r\n";
httpHeader += "Content-Length:";
httpHeader += content.length();
```

```
httpHeader += "\r\n";
httpHeader +="Connection: close\r\n\r\n";
httpResponse = httpHeader + content + ""; // There is a bug in this code: the last character of
"content" is not sent, I cheated by adding this extra space
sendCIPData(connectionId,httpResponse);
}
```

sendCIPData 函數

```
void sendCIPData(int connectionId, String data)
{
    String cipSend = "AT+CIPSEND=";
cipSend += connectionId;
cipSend += ",";
cipSend +=data.length();
cipSend +="\r\n";
sendCommand(cipSend,1000,DEBUG);
sendData(data,1000,DEBUG);
}
```

sendCommand 函數

```
String sendCommand(String command, const int timeout, boolean debug)
{
    String response = "";

esp8266.print(command); // send the read character to the esp8266

long int time = millis();

while( (time+timeout) > millis())
    {
while(esp8266.available())
        {

        // The esp has data so display its output to the serial window
char c = esp8266.read(); // read the next character.
response+=c;
        }
    }

if(debug)
    {
```

```
Serial.print(response);
    }


return response;
}
```

七、Client 端人機介面設計說明

人機介面遠端監控機器手臂（使用 ESP8266 WiFi 模組）Client 端之人機介面，透過網路控制 Server 端的四軸機器手臂。以 VC# 設計之人機介面說明與重要屬性設定整理如表 9-4。

表 9-4　網路遠端控制四軸機器手臂人機介面設計說明

Name/ 外觀	物件	重要屬性設定	說明
txtServer	TextBox	Name : txtServer	輸入 Server IP 文字。
Btn_send Btn_send	Button	Name :Connect	送出請求至 Server。
Status Status	Label	Text : Status Name : Status	顯示 Server 回傳訊息。
button1 Set all 90 degrees	button	Text : Set all 90 degrees Name : button1	設定所有 numericUpDown 至 90。
pictureBox1	pictureBox	Size : 124, 116 Name : pictureBox1	圖示顯示馬達 1 角度。
pictureBox2	pictureBox	Size : 124, 116 Name : pictureBox2	圖示顯示馬達 2 角度。
pictureBox3	pictureBox	Size : 124, 116 Name : pictureBox3	圖示顯示馬達 3 角度。
pictureBox4	pictureBox	Size : 124, 116 Name : pictureBox4	圖示顯示馬達 4 角度。

Name/ 外觀	物件	重要屬性設定	說明
numericUpDown1  90	numericUpDown	Value : 90 Increment : 10 Maximum : 180 Minimum : 0	控制馬達 1 角度。
numericUpDown2 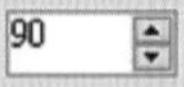 90	numericUpDown	Value : 90 Increment : 10 Maximum : 180 Minimum : 0	控制馬達 2 角度。
numericUpDown3  90	numericUpDown	Value : 90 Increment : 10 Maximum : 180 Minimum : 0	控制馬達 3 角度。
numericUpDown4  90	numericUpDown	Value : 90 Increment : 10 Maximum : 180 Minimum : 0	控制馬達 4 角度。
Send/Send Send 	Button	Text: Send Name:Send	傳送請求至 Server 端。

　　人機介面遠端監控機器手臂（使用 ESP8266 WiFi 模組）人機介面程式流程：
先輸入 Server IP →按 Connent 連接 Server 送出請求→觀察 Server 回傳訊息→調整
各馬達預期角度→按 Send 送出四個馬達的角度值至 Server，如圖 9-6 所示。

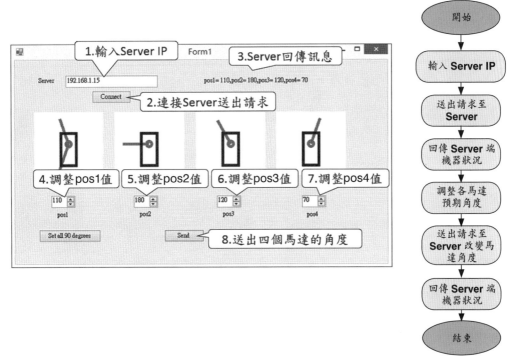

圖 9-6　人機介面遠端監控機器手臂（使用 ESP8266 WiFi 模組）人機介面程式流程

表 9-5　人機介面遠端監控機器手臂（使用 ESP8266 WiFi 模組）Visual Studio C# 重點語法說明

VC# 語法	說明
using System.Net.Sockets;	使用 System.Net.Sockets；中定義網路存取相關類別。
TcpClient client;	創造 TcpClient 物件。
new TcpClient(txtServer.Text, 80);	初始化 TcpClient 類別的新執行個體，並將它連接至指定主機的指定連接埠。目前為連接至 IP 為 txtServer.Text 的 Server，連接埠為 80。
new StreamReader(client.GetStream());	創造 StreamReader 從 Server 傳來之網路讀串流資料。
new StreamWriter(client.GetStream());	創造 Streamwriter直接寫資料至網路流，傳向 Server 端。
sw.WriteLine("GET /?pin=1 HTTP/1.0\n\n");	送出 HTTP 1.0 GET 請求。
sw.Flush();	刷新 sw。

VC# 語法	說明
sr.ReadLine();	讀取一列從 Server 傳來之網路讀串流資料。
client.Close();	關閉 TCP 連接。

// Status.Text ="pos1=90,pos2=180,pos3=10,pos4=120"
char[] ch1 = new Char[] { ',', ',', ',', '=' };
string[] slpit1 = Status.Text.Split(ch1);
	分離字串「pos1＝90，pos2＝180，pos3＝10，pos4＝120」
	分離結果
	slpit1[0]=pos1;
	slpit1[1]=90;
	slpit1[2]=pos2;
	slpit1[3]=180;
	slpit1[4]=pos3;
	slpit1[5]=10;
	slpit1[6]=pos4;
	slpit1[7]=120。

numericUpDown1.Value = Int32.Parse(slpit1[1]);	將 slpit1[1] 字串轉整數。 例如 slpit1[1] 為字串「90」；將 slpit1[1] 轉整數再更新 numericUpDown1 的值。

八、Visual Studio C# 編輯步驟

表 9-6　人機介面遠端監控機器手臂（使用 ESP8266 WiFi 模組）Visual Studio C# 編輯步驟

步驟	說明
1	新建專案。
2	增加 TextBox 物件 [＿＿＿＿＿＿]。
3	增加更多物件。
4	開始編寫程式碼。
5	編輯 Btn_send 物件 [Connect] 觸發程式。
6	編輯 numericUpDown1 物件 [90 ⬍] 觸發程式。
7	編輯 numericUpDown2 物件 [90 ⬍] 觸發程式。
8	編輯 numericUpDown3 物件 [90 ⬍] 觸發程式。
9	編輯 numericUpDown4 物件 [90 ⬍] 觸發程式。

步驟	說明
10	編輯 button1 物件 [Set all 90 degrees] 觸發程式。
11	編輯 Send 物件 [Send] 觸發程式。
12	上傳 Arduino 程式至 Arduino Uno 開發板。
13	執行人機介面操控機器手臂。

1. 新建專案

File →新增→專案→選取其他語言→ Visual C# →選取 Windows Form 應用程式→按「確定」，如圖 9-7。

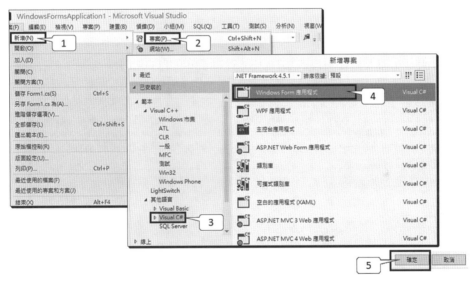

圖 9-7　新建專案

2. 增加 TextBox 物件

以滑鼠拖曳工具箱中的 TextBox 物件圖示至 Form1 視窗中，即可在 Form1 中新增元件。選取 Form1 圖形視窗中的 TextBox 元件，修改 Name 為 txtServer，如圖 9-8 所示。

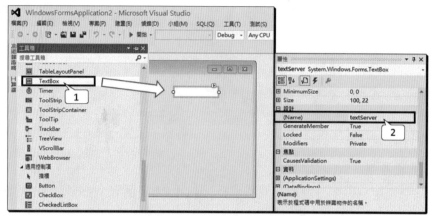

圖 9-8　加入 TextBox 物件

3. 增加更多物件

根據表 9-6 加入物件與修改屬性，完成如圖 9-9 的 Form1。

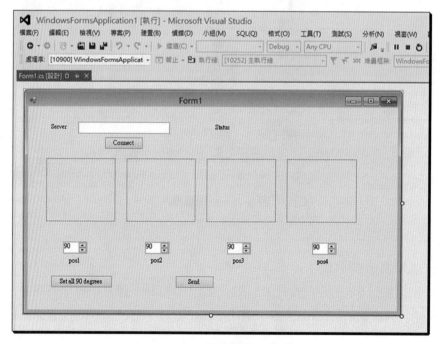

圖 9-9　人機介面加入物件

4. 開始編寫程式碼

開啟 Form1.cs 檔案，首先在檔案最上方加入 using System.Net.Sockets; 命名空間，才能調用網路存取相關類別，程式碼如圖 9-10 所示。

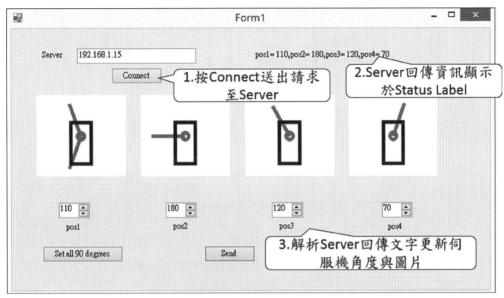

圖 9-10　加入 System.Net.Sockets

5. 編輯 btn_send 物件 [Connect] 觸發程式

快速連續點擊兩下編輯視窗介面中 Connect 元件，VC# 將會自動產生按鍵觸發事件。當 btn_send 事件被觸發，會創造 TcpClient，初始化 TcpClient 類別的新執行個體，並透過網路連接至指定主機的指定連接埠，目前為連接至 IP 為 txtServer.Text 的 Server，連接埠為 80，送出 HTTP 1.0 GET 請求至 Server，讀取從 Server 傳來之網路讀串流資料，將 Server 回傳機器狀況顯示於人機介面 Status Label 上，並解析回傳文字，將目前 Server 端各伺服機角度顯示於人機介面 numericUpDown 之值，如圖 9-11，最後切斷 Client 端與 Server 端連線。VC# 程式碼如表 9-7 所示。

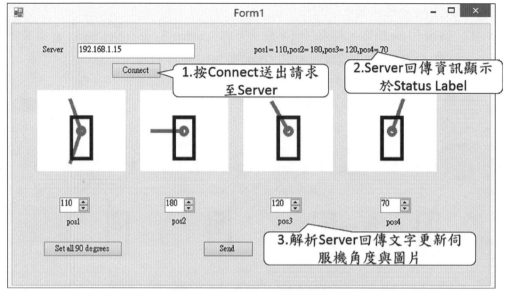

圖 9-10　Connect 鍵觸發程式

表 9-7　Connect 鍵觸發程式

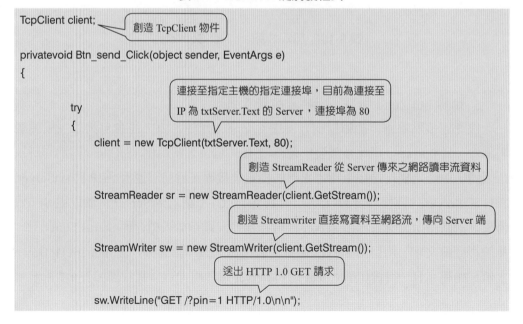

```
TcpClient client;                          創造 TcpClient 物件

privatevoid Btn_send_Click(object sender, EventArgs e)
{
                                    連接至指定主機的指定連接埠，目前為連接至
        try                          IP 為 txtServer.Text 的 Server，連接埠為 80
        {
            client = new TcpClient(txtServer.Text, 80);

                                    創造 StreamReader 從 Server 傳來之網路讀串流資料

            StreamReader sr = new StreamReader(client.GetStream());

                                    創造 Streamwriter 直接寫資料至網路流，傳向 Server 端

            StreamWriter sw = new StreamWriter(client.GetStream());

                                    送出 HTTP 1.0 GET 請求

            sw.WriteLine("GET /?pin=1 HTTP/1.0\n\n");
```

```csharp
        sw.Flush();          刷新 sw

        string data = sr.ReadLine();     讀取一列從 Server 傳來之網路讀串流資料
        while (data != null)
        {
            Status.Text = data;          將資料呈現於人機介面
            //pos1=90,pos2=180,pos3=10,pos4=120

            data = sr.ReadLine();
        }
        client.Close();      關閉連線

}
catch (Exception ex) { MessageBox.Show(ex.Message); }

char[] ch1 = new Char[] { ',', ',', ',', '=' };
string[] slpit1 = Status.Text.Split(ch1);        分離字串

                                         將文字轉整數更新全部 numericUpDown 數值

numericUpDown1.Value = Int32.Parse(slpit1[1]);
numericUpDown2.Value = Int32.Parse(slpit1[3]);   根據 numericUpDown 數值繪圖
numericUpDown3.Value = Int32.Parse(slpit1[5]);
numericUpDown4.Value = Int32.Parse(slpit1[7]);

Graphics gra4 = pictureBox4.CreateGraphics();    在 pictureBox4 上建立繪圖物件

Pen myPen_red = new Pen(Color.Red, 5);


gra4.Clear(Color.White);

double endx, endy;
//////////////////////////////////
double endx2, endy2;
////////////////////////

double initialx, initialy;
```

```
initialx = pictureBox4.Width / 2;

initialy = pictureBox4.Height / 2;
float rectanglewidth = 30;
float rectangleheight = 60;

int rod_length = 50;
int circle = 10;
endx = initialx - rod_length * Math.Cos((float)(180-numericUpDown4.Value)*3.14 / 180);
endy = initialy - rod_length * Math.Sin((float)(180-numericUpDown4.Value)*3.14 / 180);
```

在 pictureBox4 上畫橢圓

```
gra4.DrawEllipse(myPen_red, (float)(initialx - circle / 2), (float)(initialy - circle / 2), circle,
circle);
```

在 pictureBox4 上畫紅色橢圓

```
gra4.DrawLine(myPen_red, (float)initialx, (float)initialy, (float)endx, (float)endy);
Pen myPen_black = new Pen(Color.Black, 5);
```

在 pictureBox3 上畫黑色長方形

```
gra4.DrawRectangle(myPen_black, (int)(initialx - rectanglewidth / 2), (int)(initialy - 20),
rectanglewidth, rectangleheight);
```

在 pictureBox3 上建立繪圖物件

```
Graphics gra3 = pictureBox3.CreateGraphics();
gra3.Clear(Color.White);

initialx = pictureBox3.Width / 2;

initialy = pictureBox3.Height / 2;
endx = initialx - rod_length * Math.Cos((float)(180-numericUpDown3.Value) * 3.14 / 180);
endy = initialy - rod_length * Math.Sin((float)(180-numericUpDown3.Value) * 3.14 / 180);
```

在 pictureBox3 上畫紅色橢圓

```
gra3.DrawEllipse(myPen_red, (float)(initialx - circle / 2), (float)(initialy - circle / 2), circle,
circle);
```

在 pictureBox3 上畫紅色直線

```
gra3.DrawLine(myPen_red, (float)initialx, (float)initialy, (float)endx, (float)endy);
```

在 pictureBox3 上畫黑色長方形

```
gra3.DrawRectangle(myPen_black, (int)(initialx - rectanglewidth / 2), (int)(initialy - 20),
rectanglewidth, rectangleheight);
```

在 pictureBox2 上建立繪圖物件

```
Graphics gra2 = pictureBox2.CreateGraphics();

gra2.Clear(Color.White);

initialx = pictureBox2.Width / 2;

initialy = pictureBox2.Height / 2;
endx = initialx - rod_length * Math.Cos((float)(180-numericUpDown2.Value) * 3.14 / 180);
endy = initialy - rod_length * Math.Sin((float)(180-numericUpDown2.Value) * 3.14 / 180);
```

在 pictureBox2 上畫紅色橢圓

```
gra2.DrawEllipse(myPen_red, (float)(initialx - circle / 2), (float)(initialy - circle / 2), circle,
circle);
```

在 pictureBox2 上畫紅色直線

```
gra2.DrawLine(myPen_red, (float)initialx, (float)initialy, (float)endx, (float)endy);
```

在 pictureBox2 上畫黑色長方形

```
gra2.DrawRectangle(myPen_black, (int)(initialx - rectanglewidth / 2), (int)(initialy - 20),
rectanglewidth, rectangleheight);
```

在 pictureBox1 上建立繪圖物件

```
Graphics gra1 = pictureBox1.CreateGraphics();
gra1.Clear(Color.White);

initialx = pictureBox1.Width / 2;
initialy = pictureBox1.Height / 2;
endx = initialx - rod_length * Math.Cos((float)(180-numericUpDown1.Value) * 3.14 / 180);
endy = initialy - rod_length * Math.Sin((float)(180-numericUpDown1.Value )* 3.14 / 180);
//////////////////////////////
endx2 = initialx + rod_length * Math.Cos((float)numericUpDown1.Value* 3.14 / 180);
endy2 = initialy + rod_length * Math.Sin( (float)numericUpDown1.Value * 3.14 / 180);
//////////////////////////////
```

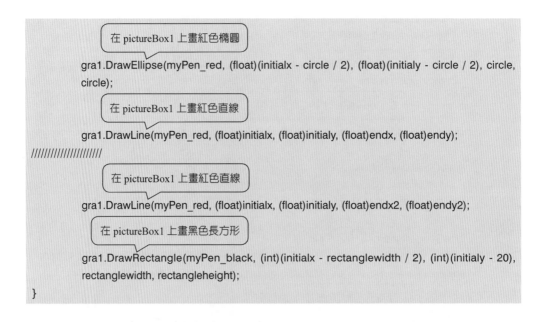

在 pictureBox1 上畫紅色橢圓

```
gra1.DrawEllipse(myPen_red, (float)(initialx - circle / 2), (float)(initialy - circle / 2), circle,
circle);
```

在 pictureBox1 上畫紅色直線

```
gra1.DrawLine(myPen_red, (float)initialx, (float)initialy, (float)endx, (float)endy);
//////////////////////
```

在 pictureBox1 上畫紅色直線

```
gra1.DrawLine(myPen_red, (float)initialx, (float)initialy, (float)endx2, (float)endy2);
```

在 pictureBox1 上畫黑色長方形

```
gra1.DrawRectangle(myPen_black, (int)(initialx - rectanglewidth / 2), (int)(initialy - 20),
rectanglewidth, rectangleheight);
}
```

6. numericUpDown1 物件 90 ⊟ 觸發程式

快速連續點擊兩下編輯視窗介面中 numericUpDown1 元件，VC# 將會自動產生數值改變觸發事件，重新繪製畫布 1 之圖，VC# 程式碼如表 9-8 所示。

表 9-8　numericUpDown1 物件觸發程式

```
private void numericUpDown1_ValueChanged(object sender, EventArgs e)
{
```
創造畫布 1 繪圖物件
```
        Graphics gra = pictureBox1.CreateGraphics();
        // 新增 Pen 物件，想像他是一隻可畫出紅色的筆
        Pen myPen_red = new Pen(Color.Red, 5);
        // 以白色清除畫布 3
        gra.Clear(Color.White);
        double endx, endy;
        double endx2, endy2;
        double initialx, initialy;
        initialx = pictureBox1.Width / 2;
```
畫布 1 中心點座標
```
        initialy = pictureBox1.Height / 2;
```

```
float rectanglewidth = 30;        設定矩形寬度
float rectangleheight = 60;
int rod_length = 50;              設定矩形高度
int circle = 10;
                        設定圓形直徑
endx = initialx - rod_length * Math.Cos((double)(numericUpDown1.Value) * 3.14 / 180);
endy = initialy - rod_length * Math.Sin((double)(numericUpDown1.Value) * 3.14 / 180);
///////////////////////////////
endx2 = initialx + rod_length * Math.Cos((double)(180-numericUpDown1.Value) * 3.14 /
180);
endy2 = initialy + rod_length * Math.Sin((double)(180-numericUpDown1.Value) * 3.14 /
180);

                    於畫布 1 畫紅色橢圓

gra.DrawEllipse(myPen_red, (float)(initialx - circle / 2), (float)(initialy - circle / 2), circle,
circle);         於畫布 1 畫紅色直線

gra.DrawLine(myPen_red, (float)initialx, (float)initialy, (float)endx, (float)endy);

                    於畫布 1 畫紅色直線

gra.DrawLine(myPen_red, (float)initialx, (float)initialy, (float)endx2, (float)endy2);
// 新增 Pen 物件，想像他是一隻可畫出黑色的筆
Pen myPen_black = new Pen(Color.Black, 5);

                    於畫布 1 畫黑色矩形

gra.DrawRectangle(myPen_black, (int)(initialx - rectanglewidth / 2), (int)(initialy - 20),
rectanglewidth, rectangleheight);
}
```

7. 編輯 numericUpDown2 物件 ⬚90⬚ 觸發程式

　　快速連續點擊兩下編輯視窗介面中 numericUpDown2 元件，VC# 將會自動產生數值改變觸發事件，重新繪製畫布 2 之圖，VC# 程式碼如表 9-9 所示。

表 9-9　numericUpDown2 物件觸發程式

```csharp
private void numericUpDown2_ValueChanged(object sender, EventArgs e)
{
```

創造畫布 2 繪圖物件

```csharp
    Graphics gra = pictureBox2.CreateGraphics();
    // 新增 Pen 物件，想像他是一隻可畫出紅色的筆
    Pen myPen_red = new Pen(Color.Red, 5);
    // 以白色清除畫布 3
    gra.Clear(Color.White);
    double endx, endy;
    double endx2, endy2;
    double initialx, initialy;
    initialx = pictureBox2.Width / 2;
```

畫布 2 中心點座標

```csharp
    initialy = pictureBox2.Height / 2;
    float rectanglewidth = 30;
```

設定矩形寬度

```csharp
    float rectangleheight = 60;
```

設定矩形高度

```csharp
    int rod_length = 50;

    int circle = 10;
```

設定圓形直徑

```csharp
    endx = initialx - rod_length * Math.Cos((double)(numericUpDown2.Value) * 3.14 / 180);
    endy = initialy - rod_length * Math.Sin((double)(numericUpDown2.Value) * 3.14 / 180);
```

於畫布 2 畫紅色橢圓

```csharp
    gra.DrawEllipse(myPen_red, (float)(initialx - circle / 2),
                    (float)(initialy - circle / 2), circle, circle);
```

於畫布 2 畫紅色直線

```csharp
    gra.DrawLine(myPen_red, (float)initialx, (float)initialy,
                    (float)endx, (float)endy);
    // 新增 Pen 物件，想像他是一隻可畫出黑色的筆
    Pen myPen_black = new Pen(Color.Black, 5);
```

於畫布 2 畫黑色矩形

```csharp
    gra.DrawRectangle(myPen_black, (int)(initialx - rectanglewidth / 2),
                    (int)(initialy - 20), rectanglewidth, rectangleheight);
}
```

8. 編輯 numericUpDown3 物件 ⊞ 觸發程式

快速連續點擊兩下編輯視窗介面中 numericUpDown3 元件，VC# 將會自動產生數值改變觸發事件，重新繪製畫布 3 之圖，程式碼如表 9-10 所示。

表 9-10　numericUpDown3 物件觸發程式

```
private void numericUpDown3_ValueChanged(object sender, EventArgs e)
{

                                    創造畫布 3 繪圖物件

        Graphics gra = pictureBox3.CreateGraphics();
        // 新增 Pen 物件，想像他是一隻可畫出紅色的筆
        Pen myPen_red = new Pen(Color.Red, 5);
        // 以白色清除畫布 3
        gra.Clear(Color.White);
        double endx, endy;
        double endx2, endy2;
        double initialx, initialy;
        initialx = pictureBox3.Width / 2;          畫布 3 中心點座標
        initialy = pictureBox3.Height / 2;
        float rectanglewidth = 30;          設定矩形寬度

        float rectangleheight = 60;          設定矩形高度
        int rod_length = 50;
        int circle = 10;          設定圓形直徑

        endx = initialx - rod_length * Math.Cos((double)(numericUpDown3.Value) * 3.14 / 180);
        endy = initialy - rod_length * Math.Sin((double)(numericUpDown3.Value) * 3.14 / 180);

            於畫布 3 畫紅色橢圓

        gra.DrawEllipse(myPen_red, (float)(initialx - circle / 2),
                    (float)(initialy - circle / 2), circle, circle);

            於畫布 3 畫紅色直線

        gra.DrawLine(myPen_red, (float)initialx, (float)initialy,
                    (float)endx, (float)endy);
        // 新增 Pen 物件，想像他是一隻可畫出黑色的筆
        Pen myPen_black = new Pen(Color.Black, 5);
```

於畫布 3 畫黑色矩形

```
gra.DrawRectangle(myPen_black, (int)(initialx - rectanglewidth / 2),
                    (int)(initialy - 20), rectanglewidth, rectangleheight);
}
```

9. 編輯 numericUpDown4 物件 `90` 觸發程式

快速連續點擊兩下編輯視窗介面中 numericUpDown4 元件，VC# 將會自動產生數值改變觸發事件。重新繪製畫布 4 之圖，再透過網路連接至指定主機的指定連接埠，目前是連接至 IP 為 txtServer.Text 的 Server，連接埠為 80，送出 HTTP 1.0 GET 請求傳字串 senddata 內容至 Server，再讀取一列從 Server 傳來之網路讀串流資料，最後切斷 Client 端與 Server 端連線。VC# 程式碼如表 9-11 所示。

表 9-11　numericUpDown4 物件觸發程式

```
private void numericUpDown4_ValueChanged(object sender, EventArgs e)
{
```

創造畫布 4 繪圖物件

```
    Graphics gra = pictureBox4.CreateGraphics();
    // 新增 Pen 物件，想像他是一隻可畫出紅色的筆
    Pen myPen_red = new Pen(Color.Red, 5);
    // 以白色清除畫布 3
    gra.Clear(Color.White);
    double endx, endy;
    double endx2, endy2;
    double initialx, initialy;
    initialx = pictureBox4.Width / 2;
    initialy = pictureBox4.Height / 2;
```

畫布 4 中心點座標

```
    float rectanglewidth = 30;
```

設定矩形寬度

```
    float rectangleheight = 60;
```

設定矩形高度

```
    int rod_length = 50;
    int circle = 10;
```

設定圓形直徑

```
endx = initialx - rod_length * Math.Cos((double)(numericUpDown4.Value) * 3.14 / 180);
endy = initialy - rod_length * Math.Sin((double)(numericUpDown4.Value) * 3.14 / 180);
```

於畫布 4 畫紅色橢圓

```
gra.DrawEllipse(myPen_red, (float)(initialx - circle / 2),
                (float)(initialy - circle / 2), circle, circle);
```

於畫布 4 畫紅色直線

```
gra.DrawLine(myPen_red, (float)initialx, (float)initialy,
             (float)endx, (float)endy);


// 新增 Pen 物件，想像他是一隻可畫出黑色的筆
Pen myPen_black = new Pen(Color.Black, 5);
```

於畫布 4 畫黑色矩形

```
gra.DrawRectangle(myPen_black, (int)(initialx - rectanglewidth / 2),
                  (int)(initialy - 20), rectanglewidth, rectangleheight);

}
```

10. 編輯 button1 物件 [Set all 90 degrees] 觸發程式

快速連續點擊兩下編輯視窗介面中。button1 元件，VC# 將會自動產生按鍵觸發事件。設定所有 numericUpDown 的值都為 90。VC# 程式碼如表 9-12 所示。

表 9-12　button1 物件觸發程式

```
private void button1_Click(object sender, EventArgs e)
{

    numericUpDown1.Value = 90;
    numericUpDown2.Value = 90;
    numericUpDown3.Value = 90;
    numericUpDown4.Value = 90;

}
```

設定所有 numericUpDown 的值都為 90 送出
HTTP 1.0 GET 請求傳字串 senddata 至 Ser

11. 編輯 Send 物件 | Send | 觸發程式

快速連續點擊兩下編輯視窗介面中 Send 元件，VC# 將會自動產生數值改變觸發事件，會透過網路連接至指定主機的指定連接埠，目前是連接至 IP 為 txtServer. Text 的 Server，連接埠為 80，再送出 HTTP 1.0 GET 請求傳字串 senddata 內容至 Server，讀取一列從 Server 傳來之網路讀串流資料，最後切斷 Client 端與 Server 端連線。VC# 程式碼如表 9-13 所示。

表 9-13　numericUpDown4 物件觸發程式

```
private void Send_Click(object sender, EventArgs e)
{
        string senddata;          宣告字串
        string senddata4;

                                        判斷 numericUpDown4 是否為個位數

        if (numericUpDown4.Value / 100 == 0 && numericUpDown4.Value / 10 == 0)
        {

                senddata4 = "D00" + Convert.ToString(numericUpDown3.Value);
        }                            判斷 numericUpDown4 是否為十位數
        elseif (numericUpDown4.Value / 100 < 1 && numericUpDown4.Value / 10 >= 1)
        {        字串（"D0"+numericUpDown4 的數值）存入 senddata4

                senddata4 = "D0" + Convert.ToString(numericUpDown4.Value);
        }
                                     若 numericUpDown4 是百位數
        else
        {                字串（"D"+numericUpDown4 的數值）存入 senddata4

                senddata4 = "D" + Convert.ToString(numericUpDown4.Value);
        }
        string senddata3;           判斷 numericUpDown4 是否為個位數

        if (numericUpDown3.Value / 100 == 0 && numericUpDown3.Value / 10 == 0)
```

```
{
```

字串（"C00"+numericUpDown3 的數值）存入 senddata3

```
    senddata3 = "C00" + Convert.ToString(numericUpDown3.Value);
}
```

判斷 numericUpDown3 是否為十位數

```
elseif (numericUpDown3.Value / 100 < 1 && numericUpDown3.Value / 10 >= 1)
{
```

字串（"C0"+numericUpDown3 的數值）存入 senddata3

```
    senddata3 = "C0" + Convert.ToString(numericUpDown3.Value);
}
else
```

若 numericUpDown3 是百位數

```
{
```

字串（"C0"+numericUpDown3 的數值）存入 senddata3

```
    senddata3 = "C" + Convert.ToString(numericUpDown3.Value);
}
```

```
string senddata2;
```

判斷 numericUpDown2 是否為個位數

```
if (numericUpDown2.Value / 100 == 0 && numericUpDown2.Value / 10 == 0)
{
```

字串（"B00"+numericUpDown2 的數值）存入 senddata2

```
    senddata2 = "B00" + Convert.ToString(numericUpDown2.Value);
}
```

判斷 numericUpDown2 是否為十位數

```
elseif (numericUpDown2.Value / 100 < 1 && numericUpDown2.Value / 10 >= 1)
{
```

字串（"B0"+numericUpDown2 的數值）存入 senddata2

```
    senddata2 = "B0" + Convert.ToString(numericUpDown2.Value);
}
else
```

若 numericUpDown2 是百位數

```
{
```

字串（"B"+numericUpDown2 的數值）存入 senddata2

```
    senddata2 = "B" + Convert.ToString(numericUpDown2.Value);


}
```

```
string senddata1;
```

判斷 numericUpDown1 是否為個位數

```
if (numericUpDown1.Value / 100 == 0 && numericUpDown1.Value / 10 == 0)
{
```

字串（"A00"+numericUpDown1 的數值）存入 senddata1

```
    senddata1 = "A00" + Convert.ToString(numericUpDown1.Value);
}
```

判斷 numericUpDown1 是否為十位數

```
elseif (numericUpDown1.Value / 100 < 1 && numericUpDown1.Value / 10 >= 1)
{
```

字串（"A0"+numericUpDown1 的數值）存入 senddata1

```
    senddata1 = "A0" + Convert.ToString(numericUpDown1.Value);
}
else
{
```

若 numericUpDown1 是百位數

字串（"A"+numericUpDown1 的數值）存入 senddata1

```
    senddata1 = "A" + Convert.ToString(numericUpDown1.Value);
}
```

指定 senddata 內容為伺服機 1 參數 + 伺服機 2 參數 + 伺服機 3 參數 + 伺服機 4 參數送出 HTTP 1.0 GET 請求傳字串 senddata 至 Ser

```
senddata = senddata1 + senddata2 + senddata3 + senddata4;
```

連接至指定主機的指定連接埠，目前為連接至 IP 為 txtServer.Text 的 Server，連接埠為 80

```
try
{
    client = new TcpClient(txtServer.Text, 80);
    StreamReader sr = new StreamReader(client.GetStream());
    StreamWriter sw = new StreamWriter(client.GetStream());
```

送出 HTTP 1.0 GET 請求傳送 senddata 內容至 Server

```
    sw.WriteLine("GET /?" + senddata + "   HTTP/1.0\n\n");
    sw.Flush();
```

讀取一列從 Server 傳來之網路讀串流資料

```
    string data = sr.ReadLine();
    while (data != null)
```

```
    {
        Status.Text = data;              將資料呈現於人機介面
        data = sr.ReadLine();
    }
    client.Close();                      關閉連線

    }
    catch (Exception ex) { MessageBox.Show(ex.Message); }
}
```

12. 上傳 Arduino 程式至 Arduino Mega 開發板

將表 9-6 之 Arduino 程式先在 Arduino IDE 編輯後，另存為 Exam9-1，再選取工具為 Arduino Mega 2560，進行驗證無誤後，上傳至 Arduino Mega 2560 開發板，如圖 9-11 所示。開啟序列監控視窗（右下角包率選 115200）可以看到 ESP8266 啟動 Server 的過程，記下 ESP8266 WiFi 模組取得的 IP ，即為 Server IP ，此範例之 Server IP 為 192.168.1.15 。

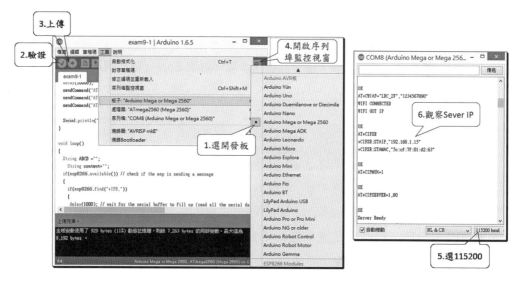

圖 9-11　Arduino 程式上傳至 Arduino Uno 開發板

175

13. 執行人機介面遠端操控機器手臂

按 Visual Studio「開始」執行應用程式，出現應用程式表單，首先輸入 ESP8266 模組建立的 Server 端 IP，可以在前一步驟之序列監控視窗中查到，範例是 192.168.1.15。從在 Server 端收到的資料可以從的序列埠監控畫面可以看到 Client 傳來的訊息與資料處理狀況，Client 端人機介面操作步驟如圖 9-12 所示。

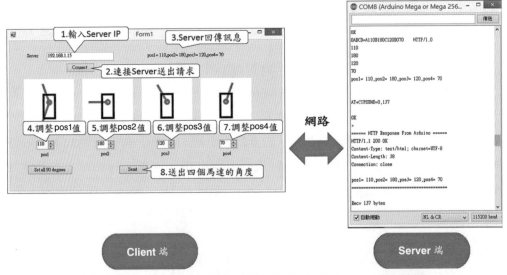

圖 9-12　Client 端人機介面操作步驟與觀察 Server 接收情形

九、實驗結果

人機介面遠端監控機器手臂（使用 ESP8266 WiFi 模組）實驗結果如圖 9-13 所示。Server 端的 IP 是 192.168.1.15，Client 端的人機介面傳送 A110B180C120D070 的資料至 Server，從在 Server 端收到的資料可以從的序列埠監控畫面可以看到 Client 傳來的訊息與資料處理狀況。機器手臂也被改變姿勢並 Server 會回傳回應至 Client 端，從 Client 端的人機介面可以看到從 Server 回應的文字 pos1=110,pos2=180,pos3=120,pos4=70。

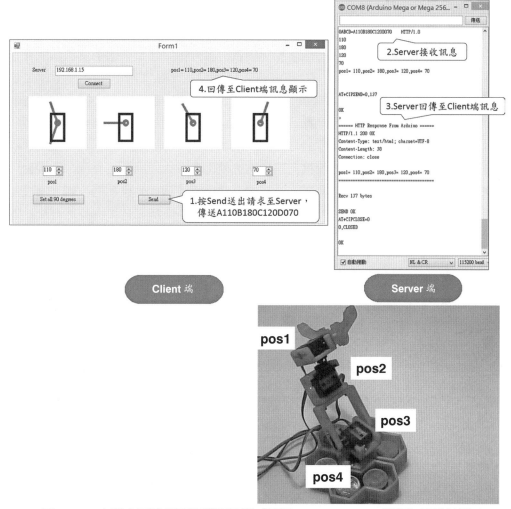

圖 9-13　人機介面遠端監控機器手臂（使用 ESP8266 WiFi 模組）實驗結果

補充站

「合久必分，分久必合」這句描述歷史興衰的名言，沒想到也適用於資訊的存取。

1941 年的阿塔納索夫─貝瑞電腦，被認為是世界上第一部使用電子開關操作的電腦，內部主要使用真空管計算二進位數值，體積約相當於整個書桌，重量超過三百公斤，每秒鐘可以進行 30 次的加減運算。接下來的數十年，即使運算速度急速發展，但電腦龐大的體積、昂貴的造價仍非個人使用者可負擔，透過終端機連線使用幾乎是唯一的選擇，可說早期使用者被迫接受整合的「雲」這種使用方式。

1977 年，賈伯斯的 Apple II 個人電腦風靡全球，1982 年的 Intel 286 電腦更大量進入小公司及家庭，隨後的兩個世代，使用者習慣以磁片、光碟等方式保存資料，也就是採用分散的「端」這種使用方式。

隨著網路及行動裝置的興起，各式各樣的聯網應用、線上儲存讓使用者再次體會到把資料存放到「雲」比單純的「端」還要利於分享及應用，「雲端」整合的時代於是到來。

CHAPTER ▶ ▶ ▶

第

10

堂

課

使用ESP8266
實現MQTT

一、實驗目的

二、實驗設備

三、實驗配置

四、重點語法說明

五、Arduino程式

六、實驗步驟

七、實驗結果

一、實驗目的

以 ESP8266 模組搭配 Arduino Uno，利用 MQTT 技術將溫濕度資料發布（Publish）至雲端平台繪製曲線圖。

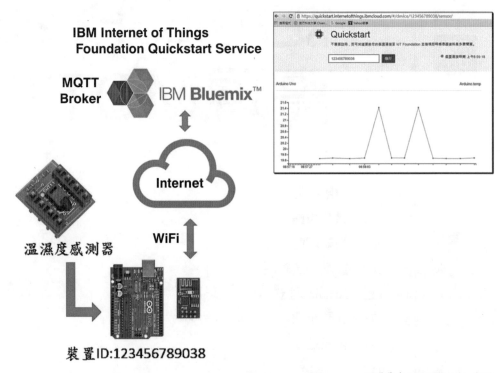

此圖截自 **IBM Bluemix** 網站

圖 10-1　使用 ESP8266 實現 MQTT

二、實驗設備

使用 ESP8266 實現 MQTT 實驗設備需要電腦一台、Arduino Uno 板一個、ESP8266 UART 轉 WiFi 模組、SHT11 溫濕度計一個、CP2102 USB TTL 模組與 Linux 系統裝置，如圖 10-2 所示。

圖 10-2　使用 ESP8266 實現 MQTT 實驗設備

三、實驗配置

ESP8266 模組 GND 腳與 Arduino UNO 板上 GND 腳相接，ESP8266 模組 VCC 腳與 Arduino UNO 板上 3.3V 腳相接。將 ESP8266 模組 TX 腳與 Arduino Uno 板上 RX 相接。ESP8266 模組 CH_PD 腳與 Arduino UNO 板上腳位 4 相接，SHT11 溫濕度感測器 Data 腳與 Arduino UNO 板上腳位 10 相接，SHT11 溫濕度感測器 Clock 腳與 Arduino UNO 板上腳位 11 相接，SHT11 溫濕度感測器 Vdd 腳與 Arduino UNO 板上 3.3V 腳相接，SHT11 溫濕度感測器 VSS 腳與 Arduino UNO 板上 GND 腳相接，使用 ESP8266 實現 MQTT 實驗配置如圖 10-3 與表 10-1 所示。

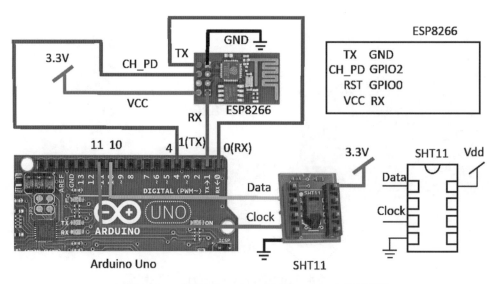

圖 10-3　使用 ESP8266 實現 MQTT 實驗配置

表 10-1　使用 ESP8266 實現 MQTT 實驗配置

連接	
Arduino UNO pin 1 (TX)	ESP8266 RX
Arduino UNO pin 0 (RX)	ESP8266 TX
Arduino UNO 3.3V	ESP8266 VCC
Arduino UNO pin 4	ESP8266 CH_PD
Arduino UNO GND	ESP8266 GND
Arduino UNO GND	SHT11 VSS
Arduino UNO 3.3V	SHT11 Vdd
Arduino UNO pin10	SHT11 Data
Arduino UNO pin11	SHT11 Clock

四、重點語法說明

表 10-2　使用 ESP8266 實現 MQTT 重點語法整理

語法	說明
SoftwareSerial debugPort(2, 3);	創造序列埠，腳位 2 為 RX，腳位 3 做為 TX。
ESP esp(&Serial, &debugPort, 4);	創造 ESP 物件。
MQTT mqtt(&esp);	創造 MQTT 物件。
mqtt.connect("quickstart.messaging. internetofthings. ibmcloud.com", 1883, false);	連接上 MQTT Broker「quickstart.messaging. internetofthings.ibmcloud.com」，連接埠為 1883，false 是代表不啓用 ssl。

deviceEvent = String("{\"d\":{\"myName\":\"Ardui no Uno\",\"temp\":");
 char buffer[60];
 dtostrf(getTemp(),1,2, buffer);
 deviceEvent += buffer;
 deviceEvent += "}}";
	JSON 字串
	{
	"d": {
	"myName": "Arduino",
	"temp": 實際溫度值
	　　}
	}

mqtt.subscribe("iot-2/cmd/+/fmt/json");　/*with qos = 0*/	訂閱資訊 TOPIC 為「iot-2/cmd/+/fmt/json」，預設 qos=0 代表不驗證，資料有可能會丟失。
mqtt.begin("d:quickstart:Arduino:123456789038", "use-token-auth", "fFcj3nuEjofmNyj!e&", 120, 1)	設定 MQTT Client 端， 要連上 IBM IoT 平台的 quickstart MQTT Broker，規定 ClientID 格式為「d: quickstart: 自取元件名：自取特別的字串」，quickstart MQTT Broker 不檢查後面兩個參數。
mqtt.connectedCb.attach(&mqttConnected);	設定MQTT 連接成功時執行mqttConnected函數。
mqtt.disconnectedCb.attach (&mqttDisconnected);	設定 MQTT 連接不成功時執行 mqttDisconnected 函數。
mqtt.publishedCb.attach(&mqttPublished);	設定 MQTT Client 端發布資料時執行 mqttPublished 函數。
mqtt.dataCb.attach(&mqttData);	設定 MQTT Client 端收到訂閱資料時執行 mqttData 函數。
esp.wifiCb.attach(&wifiCb);	設定收到 esp 物件回應訊息時執行 wifiCb 函數。
esp.wifiConnect(WiFiSSID, WiFiPASSWORD);	連上 WiFi。
t=sht1x.readTemperatureC();	讀取攝氏溫度值。

五、Arduino 程式

表 10-3 使用 ESP8266 實現 MQTT 之 Arduino 程式與說明

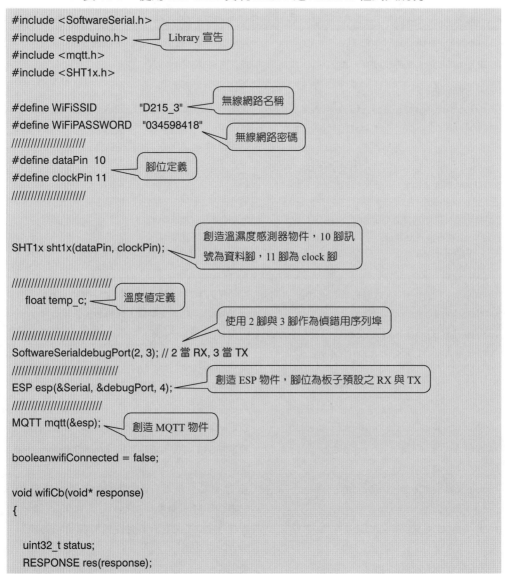

```
#include <SoftwareSerial.h>
#include <espduino.h>          Library 宣告
#include <mqtt.h>
#include <SHT1x.h>

#define WiFiSSID        "D215_3"        無線網路名稱
#define WiFiPASSWORD    "034598418"
                                        無線網路密碼
/////////////////////////
#define dataPin  10        腳位定義
#define clockPin 11
/////////////////////////

SHT1x sht1x(dataPin, clockPin);    創造溫濕度感測器物件，10 腳訊
                                   號為資料腳，11 腳為 clock 腳

/////////////////////////////////
    float temp_c;      溫度值定義

                                   使用 2 腳與 3 腳作為偵錯用序列埠
/////////////////////////////////
SoftwareSerialdebugPort(2, 3); // 2 當 RX, 3 當 TX
/////////////////////////////////               創造 ESP 物件，腳位為板子預設之 RX 與 TX
ESP esp(&Serial, &debugPort, 4);
/////////////////////////////////
MQTT mqtt(&esp);        創造 MQTT 物件

booleanwifiConnected = false;

void wifiCb(void* response)
{

   uint32_t status;
   RESPONSE res(response);
```

```
    if(res.getArgc() == 1) {
res.popArgs((uint8_t*)&status, 4);
```

> 判斷 WiFi 連接是否成功

```
    if(status == STATION_GOT_IP) {
```

> 連接 MQTT Broker

```
debugPort.println("WIFI CONNECTED");
mqtt.connect("quickstart.messaging.internetofthings.ibmcloud.com", 1883, false);

wifiConnected = true;
    } else {
```

> 若 WiFi 連接不成功

```
wifiConnected = false;
mqtt.disconnect();
    }

  }
}
```

> MQTT 連接成功執行的函數

```
void mqttConnected(void* response)
{
debugPort.println("Connected");
String deviceEvent;
```

> 產生 json 格式字串

```
deviceEvent = String("{\"d\":{\"myName\":\"Arduino Uno\",\"temp\":");
 char buffer[60];
dtostrf(getTemp(),1,2, buffer);
deviceEvent += buffer;
```

> 呼叫 getTemp 取得溫度值，再轉為字串存入 buffer

```
deviceEvent += "}}";
```

> 發布訊息至 MQTT Broker，Topic 為 "iot-2/evt/Arduino/fmt/json"

```
mqtt.publish("iot-2/evt/Arduino/fmt/json", (char*) deviceEvent.c_str());
```

> 從 MQTT Broker 訂閱資訊，Topic 為 "iot-2/cmd/+/fmt/json"

```
mqtt.subscribe("iot-2/cmd/+/fmt/json");

}

void mqttDisconnected(void* response)
{
```

```
}

void mqttData(void* response)
{
    RESPONSE res(response);          收到訂閱資訊，印出收到的資訊內容

debugPort.print("Received: topic=\n");
    String topic = res.popString();
debugPort.println(topic);
debugPort.println(topic);
debugPort.print("data=");
    String data = res.popString();
debugPort.println(data);

}
void mqttPublished(void* response)
{

}
void setup() {
Serial.begin(19200);          預設的序列通訊埠之包率為 19200

    debugPort.begin(19200);          監看預設的序列通訊埠之包率為 19200

esp.enable();          致能 esp8266，控制 CH_PD 腳為 H
    delay(500);
esp.reset();
    delay(500);
    while(!esp.ready());          等到 esp8266 準備好時

                                    等到 esp8266 準備好時
debugPort.println("ARDUINO: setup mqtt client");
                                    檢查 MQTT 設定

if(!mqtt.begin("d:quickstart:Arduino:123456789038", "use-token-auth", "fFcj3nuEjofmNyj!e&", 120, 1))
{

{   debugPort.println("ARDUINO: fail to setup mqtt");
    while(1);
    }
```

```
debugPort.println("ARDUINO: setup mqttlwt");

/*setup mqtt events */
```

設定 MQTT 事件

設定 MQTT 連接成功時執行 mqttConnected 函數

```
mqtt.connectedCb.attach(&mqttConnected);
```

設定 MQTT 連接不成功時執行 mqttDisconnected 函數

```
mqtt.disconnectedCb.attach(&mqttDisconnected);
```

設定 MQTT 發布資訊時執行 mqttPublished 函數

```
mqtt.publishedCb.attach(&mqttPublished);
```

設定 MQTT 收到訂閱資訊時執行 mqttData 函數

```
mqtt.dataCb.attach(&mqttData);

  /*setup wifi*/
debugPort.println("ARDUINO: setup wifi");
```

設定收到 WiFi 的回應時執行 wifiCb 函數

```
esp.wifiCb.attach(&wifiCb);
```

連接 WiFi

```
esp.wifiConnect(WiFiSSID, WiFiPASSWORD);

debugPort.println("ARDUINO: system started");
}

void loop() {
esp.process();
  if(wifiConnected) {

  }
```

```
}
```
取得 SHT11 溫度值函數

```
float getTemp(void) {
```
取得 SHT11 攝氏溫度值

```
    float t;
    t=sht1x.readTemperatureC();
   // The returned temperature is in degrees Celcius.
    return (t);
}
```

六、實驗步驟

使用 ESP8266 實現 MQTT 實驗步驟整理：將 ESP8266 配線方式為燒錄模式 →更新 ESP8266 韌體→更改 ESP8266 配線為正常模式方式→下載 espduino library →下載 SHT1x Library →測試 SHT11 溫濕度感測器→使用 MQTT 技術發布溫度資料→瀏覽器連結 IBM Quickstart 網站。

1. 將 ESP8266 配線方式為燒錄模式更新 ESP8266 韌體：建專案

本範例示範更新 ESP8266 之韌體，使其支援 SLIP 通訊格式，再配合 espduino library，就可以使用 Arduino Uno 接 ESP8266 做 MQTT 的應用，更新 ESP8266 韌體需要先將 ESP8266 配線為燒錄模式如圖 10-4 與表 10-4 之說明。

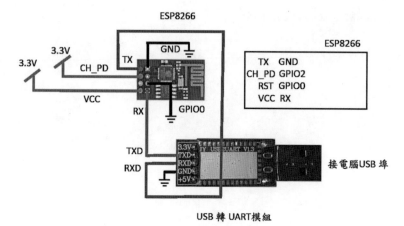

圖 10-4　ESP8266 為燒錄模式之配線

表 10-4　ESP8266 燒錄模式配線說明

	連線
ESP8266 RX	USB 轉 UART 模組 TXD
ESP8266 TX	USB 轉 UART 模組 RXD
ESP8266 VCC	Arduino 板 3.3V
ESP8266 CH_PD	Arduino 板 3.3V
ESP8266 GND	Arduino 板 GND
ESP8266 GPIO0	Arduino 板 GND
Arduino 板 GND	USB 轉 UART 模組 GND

　　因為 Arduino 板需要與 USB 轉 UART 模組共地，可以使用小麵包板將所有的
GND 接在麵包板外側「-」同一排，所有 3.3V 接在麵包板「+」同一排，如圖 10-5
所示。

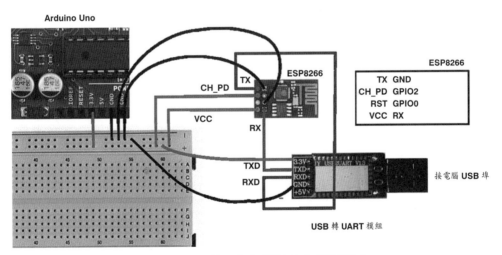

圖 10-5　使用麵包板接線為燒錄模式

2. 更新 ESP8266 韌體

　　ESP8266 韌體燒錄方式可以參考網頁：「https://github.com/tuanpmt/espdui-no」，本實驗以 VMware 安裝 Ubuntu 作業系統示範更新 ESP8266 韌體之方法。先將圖 10-6 之電路中 Arduino 板以 USB 線接上電腦，將 USB 轉 UART 模組接上電腦 USB 埠，再至 Ubuntu 作業系統開啟終端機，依序輸入如表 10-5 所示之指令。

表 10-5　更新 ESP8266 韌體程序

順序	指令	說明
1	git clone http://github.com/tuanpmt/espduino	下載程式。
2	cd espduino	切換目錄至 espduino。
3	ls	觀看目錄內容。
4	cd esp8266/tools	切換目錄至 esp8266/tools。
5	ls	觀看目錄內容。
6	chmod u+x esptool.py	改變esptool.py屬性為可執行。
7	cd ../..	切至上上層目錄。
8	ls	觀看目錄內容。
9	clear	清除終端機畫面。
10	ls /dev/tty*	列出 /dev/tty 開頭的所有檔案。
11	sudo esp8266/tools/esptool.py -p /dev/ttyUSB0 write_flash 0x00000 esp8266/release/0x00000.bin 0x40000 esp8266/release/0x40000.bin	以管理者權限執行韌體燒錄。

　　表 10-5 中步驟 1 至 8 執行過程如圖 10-6。

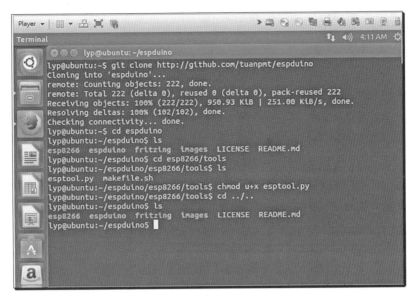

圖 10-6　表 10-5 中步驟 1 至 8 執行過程

　　表 10-5 中步驟 9 至 11 執行過程，圖 10-7 中可以看到，USB 轉 UART 模組接至電腦時，在 Ubuntu 系統自動會產生 /dev/ttyUSB0 的檔案。

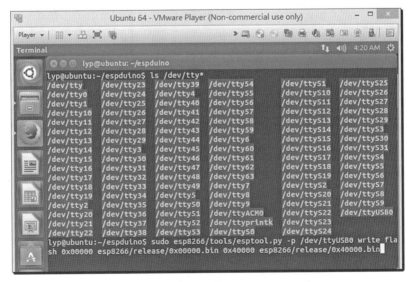

圖 10-7　表 10-5 中步驟 9 至 11 執行過程

ESP8266 韌體燒錄成功之畫面如圖 10-8。

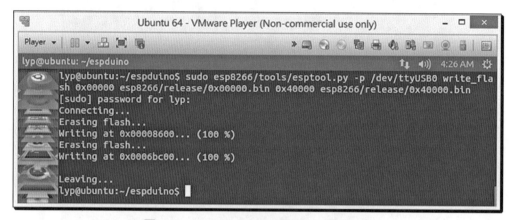

圖 10-8　ESP8266 韌體燒錄成功之畫面

3. 更改 ESP8266 配線為正常模式方式

將 ESP8266 配線改為正常模式，如圖 10-9。

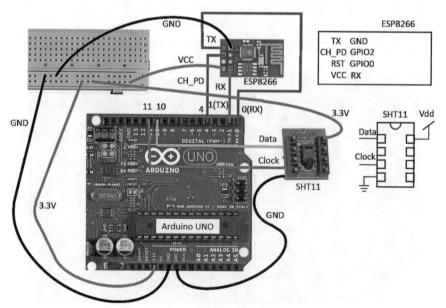

圖 10-9　使用麵包板接線為正常模式

4. 下載 espduino library

從「https://github.com/tuanpmt/espduino」下載 zip 檔，解壓縮後將 espduino 資料夾複製至 Arduino 的安裝目錄下的 libraries 資料夾下，如圖 10-10。

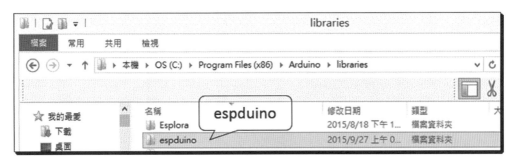

圖 10-10　將 espduino 資料夾複製至 Arduino 的安裝目錄下的 libraries 資料夾

5. 下載 SHT1x library

從「https://github.com/practicalarduino/SHT1x」下載 zip 檔，解壓縮後將 SHT1x-master 資料夾複製至 Arduino 的安裝目錄下的 libraries 資料夾下，如圖 10-11 所示。

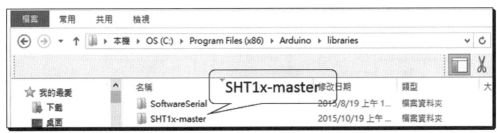

圖 10-11　將 SHT1x-master 資料夾複製至 Arduino 安裝目錄下的 libraries 資料夾

6. 測試 SHT11 溫濕度感測器

重新啟動 Arduino IDE，可以看到在檔案→範例→ SHT1x-master 中看到有一個範例程式 ReadSHT1xValues，如圖 10-12 所示。

圖 10-12　開啟 SHT11 範例程式 ReadSHT1xValues

測試 SHT11 溫濕度感測器時，須先把 Arduino Uno 上 Pin0（RX）與 Pin1（TX）接線移開，如圖 10-13，再進行 SHT11 溫濕度感測器測試。

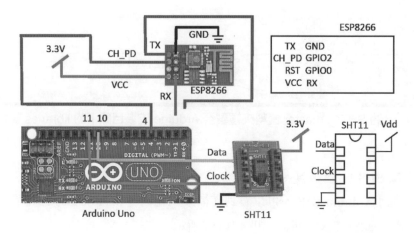

圖 10-13　將 Arduino Uno 上 Pin0（RX）與 Pin1（TX）接線移開

將 SHT11 範例組譯後上傳至 Arduino UNO 上，再開啟序列埠監控視窗，設定包率為 38400，就可以看到 SHT11 溫濕度感測器量到的溫度與濕度，如圖 10-14。

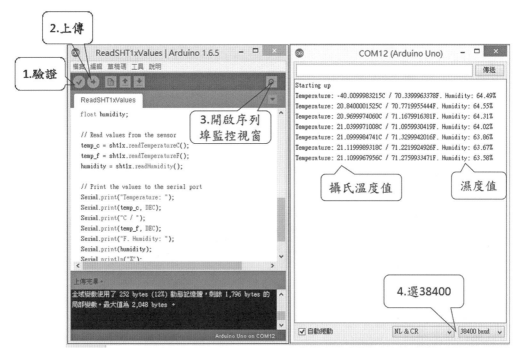

圖 10-14　測試 SHT11 溫濕度感測器

7. 使用 MQTT 技術發布溫度資料

將表 10-3 之 Arduino 程式先在 Arduino IDE 編輯後，選取工具為 Arduino Uno，另存為 Exam10-1，再進行驗證無誤後，上傳至 Arduino Uno 開發板，如圖 10-15 所示。

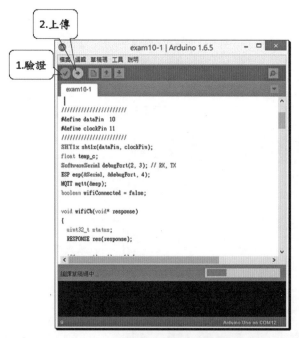

圖 10-15　上傳至 Arduino Uno 開發板

編譯完上傳至 Arduino Uno 開發板，完成後再將 Arduino UNO 上 Pin0（RX）
與 Pin1（TX）接線接回，如圖 10-16 所示。

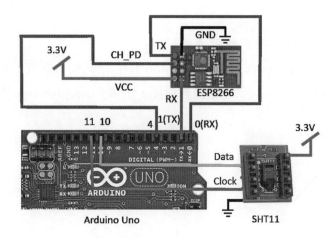

圖 10-16　將 Arduino UNO 上 Pin0（RX）與 Pin1（TX）接線接回

8. 瀏覽器連結 IBM Quickstart 網站

開啓瀏覽器連結 IBM IoT Foundation 服務網站：「https://quickstart.internetofth-ings.ibmcloud.com/」，不需要註冊，即可將您的裝置連接至 IoT Foundation 並檢視即時感應器資料。如圖 10-17 所示，輸入裝置 ID「123456789038」，再按「執行」鍵。

此圖截自 **IBM Bluemix** 網站

圖 10-17　瀏覽器連結 IBM Quickstart 網站

七、實驗結果

若有連結成功可以由瀏覽器觀看溫度曲線，在 Quickstart 頁面：「https://quick-start.internetofthings.ibmcloud.com/#/device/123456789038/sensor/」，看到裝置將溫度值發布至 IoT Foundation 之資料曲線圖，如圖 10-18 所示。

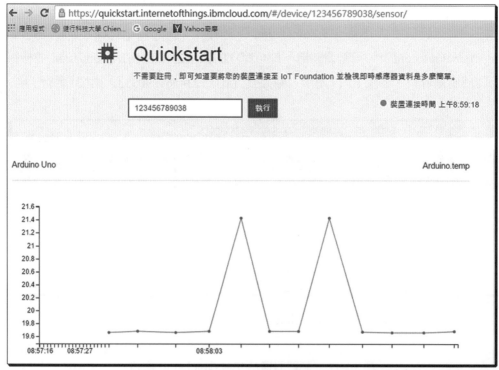

此圖截自 **IBM Bluemix** 網站

圖 10-18　裝置溫度值發布至雲端並繪製曲線

補 充 站

ESP8266 是一個深受歡迎的 WiFi 模組，其實此模組上除 WiFi 晶片外尚包括一個處理器（Xtensa LX3），網上有高手提供一個 Arduino ESP8266 專案，可直接把此模組當成一個 Arduino 來使用，完全不需要再買一片 Arduino 電路板，有興趣的玩家可上網搜尋資料。

在本書中，我們是把 ESP8266 當作一個 RS232 埠來使用。讀者只要對常見的 RS232 通訊埠有些粗淺認知即可操作，至於如何把 RS232 通訊格式的資料轉換成 WiFi 格式再進行無線通訊，就交給這顆強大的晶片負責了。

這個模組的缺點大概就是腳位設計上無法直接插入麵包板，優點就是便宜、便宜、便宜，且方便使用。

第11堂課

雲端環境建置

一、實驗目的

二、實驗設備

三、雲端應用程式Node-RED使用介紹

四、實驗步驟

五、實驗結果

一、實驗目的

使用 IBM Bluemix 服務建立雲端環境，執行雲端應用程式，並使用溫度模擬器，使用 MQTT 技術發布溫度與濕度資料至 IBM IoT Foundation Quickstart 服務，畫出溫度曲線圖。並介紹 Node-RED 應用程式處理溫度異常之狀況，實驗架構如圖11-1 所示。

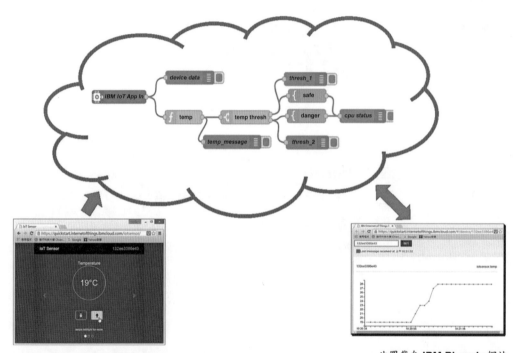

此圖截自 **IBM Bluemix** 網站

圖 11-1　實驗架構

二、實驗設備

具上網功能之電腦一台與 IBM Bluemix 服務（使用 Internet of Things Platform Starter），如圖 11-2 所示。

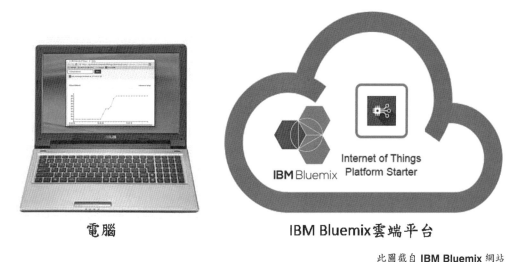

電腦　　　　　　　　　　IBM Bluemix雲端平台

此圖截自 **IBM Bluemix** 網站

圖 11-2　雲端環境建置實驗設備

三、雲端應用程式 Node-RED 使用介紹

IBM 提供了 Internet of Things Platform Starter（IoT）入門範本應用程式，可透過 IBM Bluemix 中的 Node-RED，開始編輯 Internet of Things Foundation（IOTF）雲端應用程式。Node-RED 提供瀏覽器型流程編輯器，可以讓使用者使用選用區中的廣泛節點，來同時連接裝置、API 及線上服務。只須按一下滑鼠，流程即可部署至 Node.js 執行時期環境，包括在此範例中為現成流程，可以處理來自模擬裝置的溫度讀數。流程會對照臨界值檢查這些溫度讀數，然後指出溫度是否安全。

四、實驗步驟

建立信箱→建立 IBM Bluemix 帳號→由樣板開始建立應用程式→設定溫濕度計模擬裝→觀看視覺化曲線圖→修改 Node-RED 流程內容→部署 NodeRED 程式→開啟除錯窗格→提高模擬器溫度值→增加偵錯訊息結點。

1. 建立 Gmail 信箱
進入「www.google.com.tw」網頁。

圖 11-3　進入 Google 首頁

建立新帳號需填入個人資料，如圖 11-4 所示。

圖 11-4　建立新帳戶

建立帳號完成會有完成訊息視窗，如圖 11-5 所示。

圖 11-5　建立帳號成功

2. 建立 IBM Bluemix 帳號

進入網站 IBM Bluemix 網頁：「https://console.ng.bluemix.net/」，如圖 11-6 所示。若為第一次使用則可點選「建立免費帳戶」。

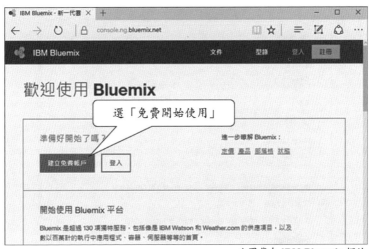

此圖截自 **IBM Bluemix** 網站

圖 11-6　進入網站 IBM Bluemix 網頁

進入註冊畫面，如圖 11-7 所示。先填入個人電子郵件，再按「→」驗證。

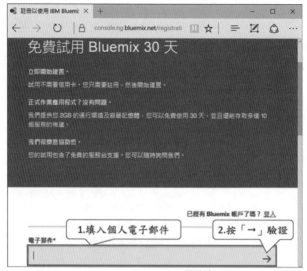

此圖截自 **IBM Bluemix** 網站

圖 11-7　註冊畫面

通過電子郵件確認後，再填入其他資料後，按「建立帳戶」鍵。

此圖截自 **IBM Bluemix** 網站

圖 11-8　填入個人資料建立帳戶

建立 IBM Bluemix 完成，會出現如圖 11-9 之畫面。

此圖截自 **IBM Bluemix** 網站

圖 11-9　建立 IBM Bluemix 完成畫面

需進入登錄之電子郵件箱箱檢查信件，會有一封來自 IBM Bluemix 的信件，打開後，如圖 11-10 所示，點選 Validate Email Address。

此圖截自 **IBM Bluemix** 網站

圖 11-10　點選 Validate Email Address 確認信箱

將自動開啓 IBM Bluemix 登入網頁畫面，如 11-11 所示。輸入已註冊的帳號密碼後，按 Log in。

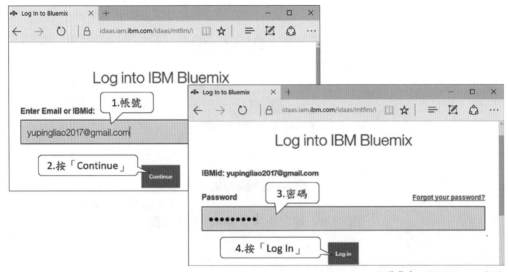

此圖截自 **IBM Bluemix** 網站

圖 11-11　輸入帳號密碼

登入 IBM Bluemix 後，若出現「Terms and Conditions」，如圖 11-12 所示。勾選同意再按「Continue」。

此圖截自 **IBM Bluemix** 網站

圖 11-12　進入 IBM Bluemix 畫面

選取地區為「美國南部」，並輸入一個組織名稱按建立，如圖 11-13 所示。

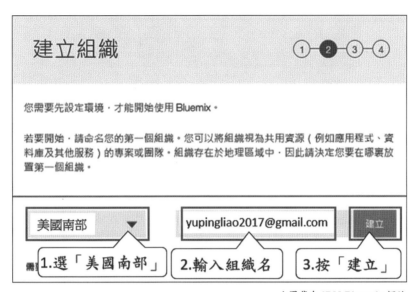

此圖截自 **IBM Bluemix** 網站

圖 11-13　選擇地區為美國南部

建立新的空間，輸入「dev1」後按「建立」，如圖 11-14 所示。

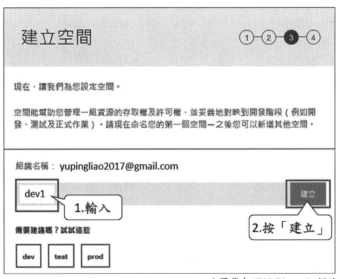

此圖截自 **IBM Bluemix** 網站

圖 11-14　建立新的空間

建立空間完成畫面如圖 11-15 所示，按「我準備好了」。

此圖截自 **IBM Bluemix** 網站

圖 11-15　建立空間完成畫面

3. 由樣板開始建立應用程式

選取「型錄」，如圖 11-16 所示。

此圖截自 **IBM Bluemix** 網站

圖 11-16　選取「型錄」

由「樣板」可以馬上建立新的應用程式，如圖 11-17 所示。選擇 Internet of Things Platform Starter，使用 Bluemix 中的 Node-RED 開始使用 Internet of Things Foundation 應用程式。

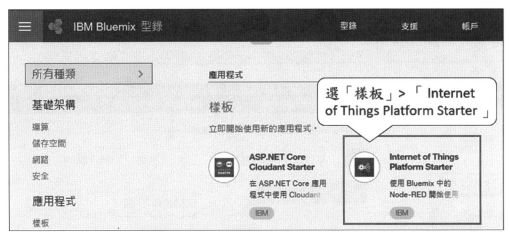

此圖截自 **IBM Bluemix** 網站

圖 11-17 從樣板建立新的應用程式

會進入建立視窗，輸入一個獨一無二的應用程式名稱，再按「建立」鍵。

建立 Cloud Foundry 應用程式

Internet of Things Platform
Starter

使用 Bluemix 中的 Node-RED 開始使用 Internet of
Things Platform 應用程式。請利用模擬器嘗試範
例流程，並針對自己的裝置加以自訂。

[IBM]

檢視文件

版本	0.5.03
類型	樣板
地區	US South

需要協助嗎？
與 Bluemix 業務聯絡

預估每月成本
成本計算機

1.自訂應用程式名稱

應用程式名稱：

yupingliao

主機名稱：

yupingliao

網域：

mybluemix.net

選取的方案：

SDK for Node.js™

預設

Cloudant NoSQL DB

Lite

Internet of Things Platform

Lite

2.按「建立」

建立

此圖截自 **IBM Bluemix** 網站

圖 11-18 設定 Internet of Things Platform Starter

接著會出現所命名的應用程式，在左邊選單中點選「運行環境」，再點「環境變數」，如圖 11-19 所示。

此圖截自 **IBM Bluemix** 網站

圖 11-19　環境變數設定

在「環境變數」頁面最下方有「使用者定義」區域處，可以設定應用程式的使用者名稱與密碼，方法為按「新增」，如圖 11-20 所示。

此圖截自 **IBM Bluemix** 網站

圖 11-20　新增「使用者定義」

新增兩個欄位，分別設定名稱「NODE_RED_USERNAME」的值與名稱為「NODE_RED_PASSWORD」的值，如圖 11-21 所示。設定好後按「儲存」。

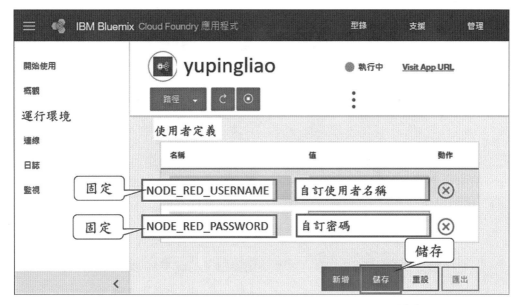

此圖截自 **IBM Bluemix** 網站

圖 11-21　設定「NODE_RED_USERNAME」與「NODE_RED_PASSWORD」的值

設定好使用者名稱與密碼後可以看到應用程式會自動重新啟動，如圖 11-22 所示。點選「Visit App URL」開啟應用程式 Node-RED。

此圖截自 **IBM Bluemix** 網站

圖 11-22　點選「Visit App URL」開啟應用程式 Node-RED

　　或是開啓瀏覽器，輸入使用 IoT 樣板建立的應用程式，例如「https:// 應用程式名 .mybluemix.net」，或「https://yupingliao.mybluemix.net」出現雲端應用程式 Node-RED 畫面，如圖 11-23 所示。再點「Go to your Node-RED editor」。

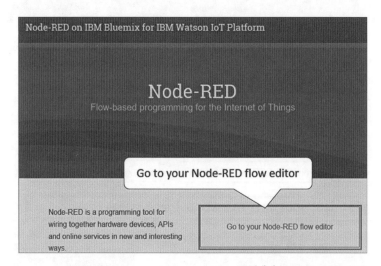

此圖截自 **IBM Bluemix** 網站

圖 11-23　雲端應用程式 Node-RED

　　需先填入 Username 與 Password 登入，如圖 11-24 所示，其中 Username 為圖 11-21 設定的「NODE_RED_USERNAME」的值，與 Password 為圖 11-21 設定「NODE_RED_PASSWORD」的值。

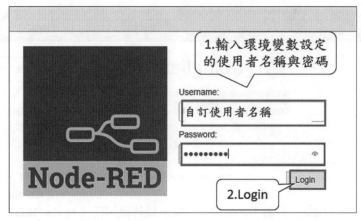

此圖截自 **IBM Bluemix** 網站

圖 11-24　填入 Username 與 Password 登入 Node-RED

會看到已預設之「Temperature Monitor」流程，其可以處理來自溫度模擬裝置的溫度讀數，如圖 11-25 所示。

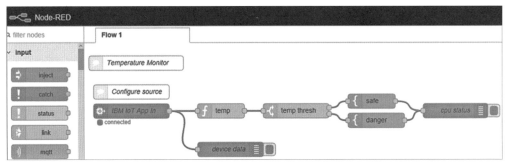

此圖截自 **IBM Bluemix** 網站

圖 11-25　Node-RED 流程圖

先以表 11-1 整理出 11-25 範例中 Node-RED 流程圖中各節點的功能說明。

表 11-1　Node-RED 流程圖中各節點的功能說明

節點名稱	節點內容	說明
IBM IoT App In	"Authentication":"Quickstart" "Input Type":"Device Event" "Device Id":"132ee3386e43" "Name":"IBM IoT App In"	鑑別類型為「Quickstart」，輸入形式為「Device Event」，裝置 Id 為「132ee3386e43」，節點名稱為「IBM IoT App In」。
device data	"Output":"complete msg object" "to":"debug tab""Name":"device data"	debug 視窗顯示文字為完整的 msg 內容，顯示到「debug」頁面。節點名稱為「device data」。
temp	"Name":"temp" "Function": "return {payload:msg. payload.d.temp};" "Outputs":"1"	節點名稱為「tmep」，函數內容為回傳 {payload:msg.payload.d.temp}，輸出節點為 1 個。
temp thresh	"Name":"temp thresh" "Property":"msg.payload" <=40 -> 1 >40-> 2 "rule":"check all rules"	節點名稱為「temp thresh」，判斷 msg.payload 的值，當其值小於等於 40 時，送出 payload 的值至通道 1 輸出；若其值大於 40 時，送出 payload 的值至通道 2 輸出。

213

節點名稱	節點內容	說明
safe	"Name":"safe" "Template":" Temperature（{{payload}}） within safe limits"	節點名稱為「safe」，payload 的內容為 「Temperature（{{payload}}）Within Safe Limits」。
danger	"Name":" danger" "Template":"Temperature（{{payload}}） critical"	節點名稱為「danger」，payload 的 內容為「Temperature（{{payload}}） critical」。
cpu status	"Output":"message property" msg.payload "to":"debug tab" "Name":"cpu status"	輸出為「msg.payload」內容至 「debug」視窗，節點名稱為「cpu status」。

將右邊隱藏的視窗往左拉出，再點選 debug 頁面，如圖 11-26 所示。

此圖截自 **IBM Bluemix** 網站

圖 11-26　debug 頁面

4. 設定溫度濕度計模擬器

請在瀏覽器中輸入此 URL：「http://quickstart.internetofthings.ibmcloud.com/iot-sensor」，會出現溫度濕度模擬器畫面，如圖 11-27 所示。

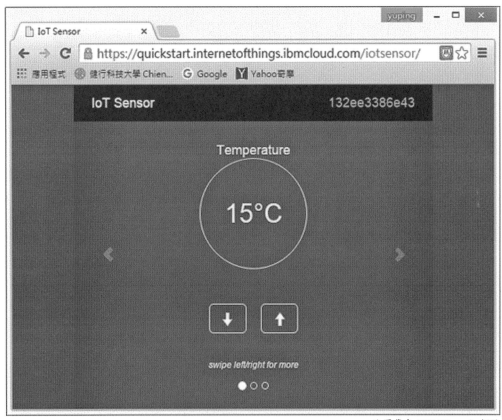

此圖截自 **IBM Bluemix** 網站

圖 11-27　溫度濕度模擬器

使用畫面中的「往上」或「往下」的箭頭，可以調整溫度模擬器畫面上顯示的溫度，如圖 11-28 所示。

215

此圖截自 **IBM Bluemix** 網站

圖 11-28 將模擬器溫度往上調整

5. 觀看視覺化曲線圖

按一下模擬器右上角的 MAC 位址，MAC 位址類似 13:2e:e3:38:6e:43，如圖 11-29，可以開啟另一個瀏覽器視窗。

此圖截自 **IBM Bluemix** 網站

圖 11-29　點選右上角號碼如 132ee3386e43

　　可以看到將溫度模擬器資料在 Quickstart 網頁以曲線圖呈現，如圖 11-30。注意，需將瀏覽器分頁拉開成一個新的視窗，才能在更改溫度後同時看到曲線變化。

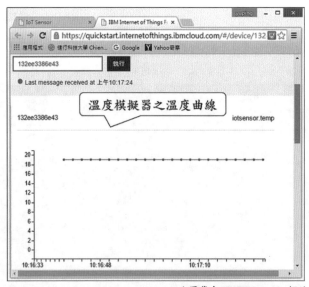

此圖截自 **IBM Bluemix** 網站

圖 11-30　模擬器視覺化曲線圖

可以回到模擬器調整溫度值以查看開始畫面中的圖形更新，如圖 11-31 所示。複製模擬器右上角的 MAC 位址，MAC 位址類似 132ee3386e43。

此圖截自 **IBM Bluemix** 網站

圖 11-31　調整模擬器溫度變化之結果

6. 修改 Node-RED 流程內容

回到 Node-RED 工作區，然後按兩下 IBM IoT App In 節點，會開啟 Edit ibmiot in node 配置對話框，在 Authentication 欄位中，從下拉清單中選取 Quickstart。將模擬器的 MAC 位址複製至 Device Id 欄位，例如 132ee3386e43，如圖 11-32 所示，然後按一下 OK。請確定 MAC 位址是以小寫輸入，並確定沒有前導或尾端空格字元。

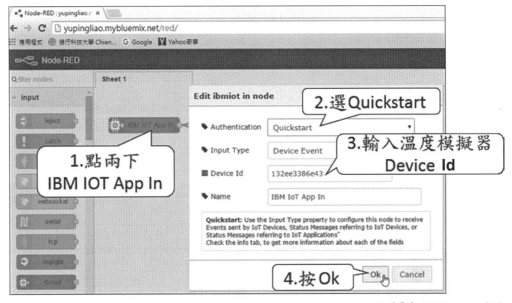

此圖截自 **IBM Bluemix** 網站

圖 11-32　設定模擬器的 MAC 位址複製至 Device Id 欄位

7. 部署 NodeRED 程式

接著進行部署，可由 Node-RED 工作區右上角的 Deploy 按鈕，現在會呈現紅色，如圖 11-33 所示，按一下它，即可部署修改過的流程。

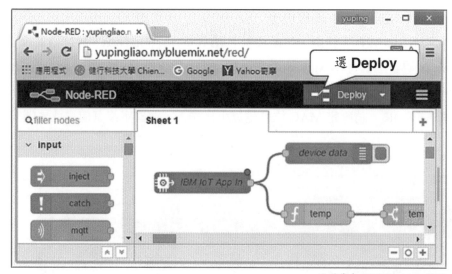

此圖截自 **IBM Bluemix** 網站

圖 11-33　部署修改過的程序

8. 開啟除錯窗格

開啟右邊的 debug 除錯窗格，可以看到流程正在產生「溫度狀態」訊息，如圖 11-34 所示。流程會對照臨界值檢查這些溫度讀數，然後指出溫度是否安全。目前顯示溫度值為 28 度，是在安全的範圍內。

此圖截自 **IBM Bluemix** 網站

圖 11-34　debug 除錯窗格

9. 提高模擬器溫度值

回到模擬器提高溫度值至 40 度以上，如提高到 56 度，流程會對照臨界值檢查這些溫度讀數，然後指出溫度是否安全。可以看到，在右邊 debug 視窗顯示的溫度是 56 度，是 Critical，超過臨界值了。

顯示目前溫度為56，不是在安全的範圍內。

此圖截自 **IBM Bluemix** 網站

圖 11-35　溫度提高至 40 度以上

10. 增加偵錯訊息節點

為了更了解各節點輸出的結果，增加三個 debug 節點，如圖 11-36 所示。新增的節點內容說明如表 11-2 所示。接著進行部署，可點選 Node-RED 工作區右上角的 Deploy 按鈕，即可部署修改過的流程。

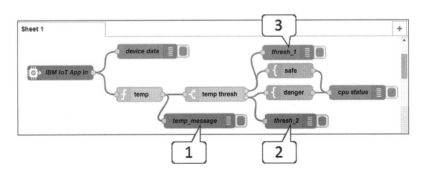

此圖截自 **IBM Bluemix** 網站

圖 11-36　增加三個 debug 節點

表 11-2　新增的節點內容說明

節點名稱	節點內容	說明
temp_message (out -> debug)	"Output":"complete msg object" "to":"debug tab" "Name":"temp_message"	debug 視窗顯示文字為完整的 msg 內容，顯示到「debug」頁面，節點名稱為「temp_message」。
thresh_1 (out -> debug)	"Output":"complete msg object" "to":"debug tab" "Name":"thresh_1"	debug 視窗顯示文字為完整的 msg 內容，顯示到「debug」頁面，節點名稱為「thresh_1」。
thresh_2 (out -> debug)	"Output":"complete msg object" "to":"debug tab" "Name":"thresh_2"	debug 視窗顯示文字為完整的 msg 內容，顯示到「debug」頁面，節點名稱為「thresh_2」。

部署後在 debug 視窗中可以看到不同的節點名稱的輸出結果，如圖 11-37 所示。

此圖截自 **IBM Bluemix** 網站

圖 11-37　debug 視窗

以溫度為 56 為例。各節點的 debug 視窗如圖 11-38 所示。

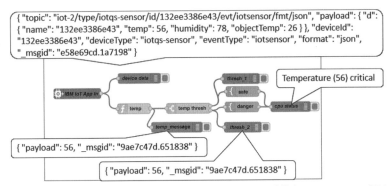

{ "topic": "iot-2/type/iotqs-sensor/id/132ee3386e43/evt/iotsensor/fmt/json", "payload": { "d": { "name": "132ee3386e43", "temp": 56, "humidity": 78, "objectTemp": 26 } }, "deviceId": "132ee3386e43", "deviceType": "iotqs-sensor", "eventType": "iotsensor", "format": "json", "_msgid": "e58e69cd.1a7198" }

{ "payload": 56, "_msgid": "9ae7c47d.651838" }

{ "payload": 56, "_msgid": "9ae7c47d.651838" }

此圖截自 **IBM Bluemix** 網站

圖 11-38 以溫度 56 度為例

五、實驗結果

雲端環境建置實驗結果為藉由調整溫度模擬器的溫度值,在 IBM Bluemix 服務平台建立應用程式。並在 IBM Quickstart 網站畫出溫度變化曲線圖,並設計出雲端應用程式以 debug 訊息顯示出溫度是否在臨界範圍內,如圖 11-39 所示。

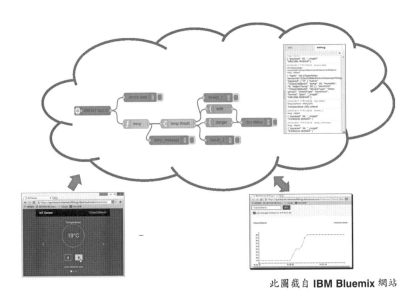

此圖截自 **IBM Bluemix** 網站

圖 11-39 雲端環境建置實驗結果

Node-RED 是什麼？Node-RED 是 IBM 公司以 Node.js 為基礎而開發出來的視覺化 IoT 開發工具。透過組合一些視覺化的物件，例如 WebAPI (HTTP)、MQTT、Twitter……等物件，可快速開發出各項應用。目前可搭配的硬體有 Raspberry Pi、BeagleBone Black 與 Arduino。

第12堂課

雲端資料庫儲存溫度資料與分析

一、實驗目的

二、實驗設備

三、Node-RED 應用程式重點說明

四、R 語言程式說明

五、實驗步驟

六、實驗結果

一、實驗目的

使用 IBM Bluemix 服務之雲端環境，建立雲端資料庫 Cloudant NoSQL Database 儲存各元件的訊息，並且使用 IBM DashDB 服務撰寫 R 語言產生資料分析圖表，實驗架構如圖 12-1 所示。

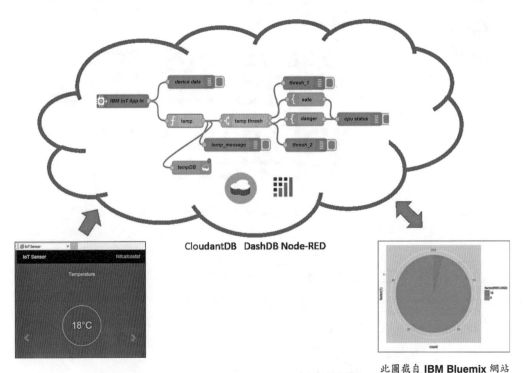

此圖截自 **IBM Bluemix** 網站

圖 12-1　雲端資料庫儲存溫度資料與分析實驗架構圖

二、實驗設備

使用到具上網功能之電腦一台與 IBM Bluemix 服務，如圖 11-2 所示。

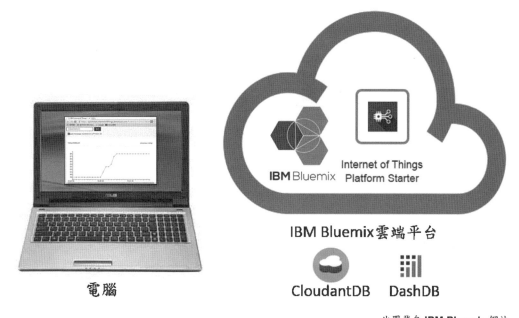

圖 12-2　雲端環境建置實驗設備

三、Node-RED 應用程式重點說明

　　雲端資料庫儲存溫度資料與分析 Node-RED 雲端應用程式流程圖如圖 12-3 所示。雲端資料庫儲存溫度資料與分析 Node-RED 重點說明如表 12-1 所示。

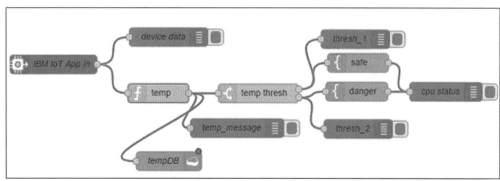

圖 12-3　雲端資料庫儲存溫度資料與分析 Node-RED 雲端應用程式流程圖

表 12-1　雲端資料庫儲存溫度資料與分析 Node-RED 重點說明

節點名稱	節點內容	說明
IBM IoT App In	"Authentication" : "Quickstart" "Input Type" : "Device Event" "Device Id" : "132ee3386e43" "Name" : "IBM IoT App In"	鑑別類型為「Quickstart」，輸入形式為「Device Event」，裝置 Id 為「132ee3386e43」，節點名稱為「IBM IoT App In」。
device data	"Output" : "complete msg object" "to" : "debug tab" "Name" : "device data"	debug 視窗顯示文字為完整的 msg 內容，顯示到「debug」頁面。節點名稱為「device data」。
temp	"Name" : "temp" "Function" : "return {payload:msg.payload.d.temp};" "Outputs" : "1"	節點名稱為「temp」，函數內容為回傳 {payload:msg.payload.d.temp}，輸出節點為 1 個。
temp thresh	"Name" : "temp thresh" "Property" : "msg.payload" <=40 -> 1 >40 -> 2 "rule" : "check all rules"	節點名稱為「temp thresh」，判斷 msg.payload 的值，當其值小於等於 40 時，送出 payload 的值至通道 1 輸出；若其值大於 40 時，送出 payload 的值至通道 2 輸出。
safe	"Name" : "safe" "Template" : "Temperature ({{payload}}) within safe limits"	節點名稱為「safe」，payload 的內容為「Temperature ({{payload}})within safe limits」。
danger	"Name" : "danger" "Template" : "Temperature ({{payload}}) critical"	節點名稱為「danger」，payload 的內容為「Temperature ({{payload}}) critical」。
cpu status	"Output" : "message property" msg.payload "to" : "debug tab" "Name" : "cpu status"	輸出為「msg.payload」內容至「debug」視窗，節點名稱為「cpu status」。
tempDB (storage->cloudantout	"Service" : "yupingliao-cloudantNoS" "Database : temp" "Operation" : "insert" ☑ Only store msg-payload object? "Name" : "tempDB"	服務選擇在 bluemix 建立的 CloudantDB 名稱，Cloudant output 節點儲存 msg 的 payload 內容在所選擇的資料庫「temp」中。節點名稱為「tempDB」。

四、R 語言程式說明

本堂課使用 R 語言將溫度資料進行分析，並畫出資料庫中溫度分布的圓餅圖，本章節使用的 R 語法語說明整理如表 12-2 所示。

表 12-2　R 語言程式與說明

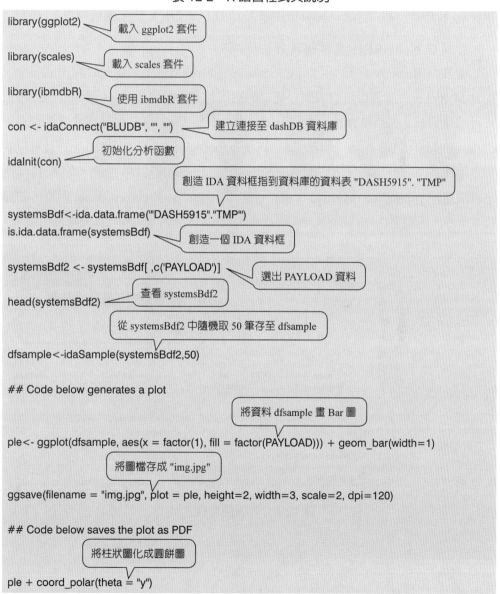

```
library(ggplot2)            載入 ggplot2 套件

library(scales)             載入 scales 套件

library(ibmdbR)             使用 ibmdbR 套件

con <- idaConnect("BLUDB", "", "")      建立連接至 dashDB 資料庫

                            初始化分析函數
idaInit(con)

                            創造 IDA 資料框指到資料庫的資料表 "DASH5915". "TMP"

systemsBdf<-ida.data.frame('"DASH5915"."TMP"')
is.ida.data.frame(systemsBdf)           創造一個 IDA 資料框

systemsBdf2 <- systemsBdf[ ,c('PAYLOAD')]
                                        選出 PAYLOAD 資料
                            查看 systemsBdf2
head(systemsBdf2)

                    從 systemsBdf2 中隨機取 50 筆存至 dfsample
dfsample<-idaSample(systemsBdf2,50)

## Code below generates a plot
                                    將資料 dfsample 畫 Bar 圖

ple<- ggplot(dfsample, aes(x = factor(1), fill = factor(PAYLOAD))) + geom_bar(width=1)
                    將圖檔存成 "img.jpg"

ggsave(filename = "img.jpg", plot = ple, height=2, width=3, scale=2, dpi=120)

## Code below saves the plot as PDF
                    將柱狀圖化成圓餅圖

ple + coord_polar(theta = "y")
```

五、實驗步驟

　　開啓 Node-RED 流程編輯器→開啓溫度濕度計模擬器→修改 IBM IoT APP In 設定→編輯 Node-RED 加入 cloudant 節點→設定 cloudant 節點內容→編輯流程→進行部署→觀察資料庫的內容→觀看 temp 資料庫→調整溫度模擬器溫度值→重新整理 temp 資料庫→新增 Warehouse →開啓 DashDB →使用 R 語言繪製圖表。

　　1. 開啓 Node-RED 流程編輯器

　　從 IBM Bluemix 網頁：「https://console.ng.bluemix.net/」登入 IBM Bluemix，從 IBM Bluemix 儀表板可以看到已建立的應用程式，點進去第 11 章建立的應用程式可以看到 Internet of Things Founation Starter 應用程式，其中已建立雲端資料庫 Cloudant NoSQL DB 服務，服務名稱為 yupingliao-cloudantNoSQLDB，並且可以看到應用程式 yupingliao 有連結著 yupingliao-cloudantNoSQLDB 服務，如圖 12-4 所示。點路徑 yupingliao.mybluemix.net，開啓 yupingliao.mybluemix.net 網頁，如圖 12-5所示，再點選 Go to your Node-RED flow editor，開啓Node-RED流程編輯環境。

此圖截自 **IBM Bluemix** 網站

圖 12-4　點選應用程式

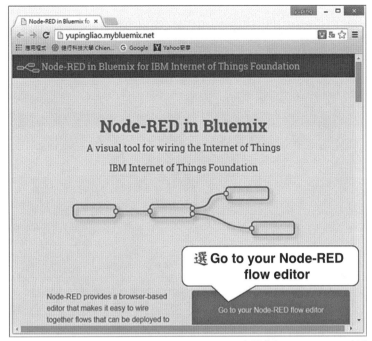

此圖截自 **IBM Bluemix** 網站

圖 12-5 Node-RED for Internet of Things 頁面

2. 開啟溫度濕度計模擬器

在瀏覽器中輸入此 URL：「http://quickstart.internetofthings.ibmcloud.com/iot-sensor」，出現溫度濕度模擬器畫面，如圖 12-6，複製溫度濕度模擬器畫面右上角文字 f4fcafcdafaf。

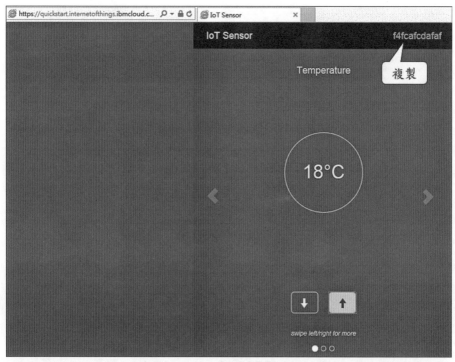

此圖截自 **IBM Bluemix** 網站

圖 12-6　開啓溫度濕度計模擬器

3. 修改 IBM IoT APP In 設定

在 IBM IoT In 節點上點兩下編輯，修改如圖 12-7 所示，設定好按 Ok。

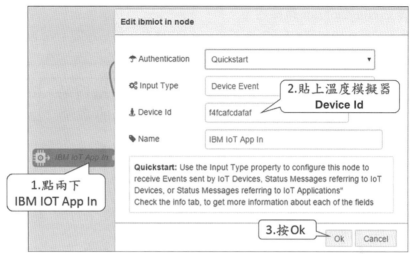

此圖截自 **IBM Bluemix** 網站

圖 12-7　修改 IBM IoT In 節點與設定

4. 編輯 Node-RED 加入 cloudant 節點

在 Node-RED 編輯環境左邊的 storage 下，選出 cloudant out 往右拖曳，如圖 12-8 所示，放置於 Node-RED 流程中。

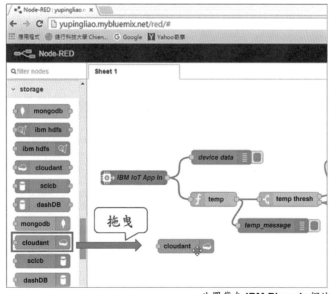

此圖截自 **IBM Bluemix** 網站

圖 12-8　拖曳 cloudant 至流程編輯區

233

5. 設定 cloudant out 節點內容

於 Node-RED 編輯區中點選 cloudant，設定節點內容，如圖 12-9 所示。

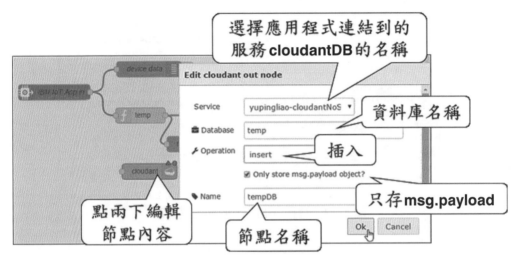

此圖截自 **IBM Bluemix** 網站

圖 12-9　編輯 cloudant out 節點內容

6. 編輯 Node-RED 流程

連接節點 temp 的輸出至 tempDB 輸入，如圖 12-10 所示。則可以將溫度資料存入資料庫中。

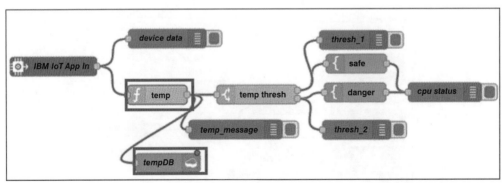

此圖截自 **IBM Bluemix** 網站

圖 12-10　編輯 Node-RED 流程

7. 進行部署

接著進行部署，可由 Node-RED 工作區右上角的 Deploy 按鈕，按一下它，即可部署修改過的流程。

8. 觀察資料庫的內容

若要觀察資料庫的內容，需要在應用程式所連結的 yupingliao-cloudant-NoSQLDB 服務上點選，如圖 12-11 所示。

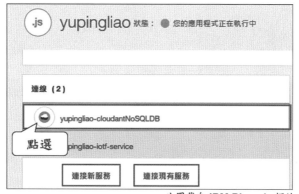

此圖截自 **IBM Bluemix** 網站

圖 12-11　選 yupingliao-cloudantNoSQLDB 服務

出現 Cloudant NoSQL DB 說明頁面後，點選右上方的 LAUNCH，如圖 12-12 所示。

此圖截自 **IBM Bluemix** 網站

圖 12-12　Cloudant NoSQL DB 說明頁面

連結到 Cloudant Dashboard 頁面，可以看見有一個名為 temp 的資料庫，如圖 12-13 所示。

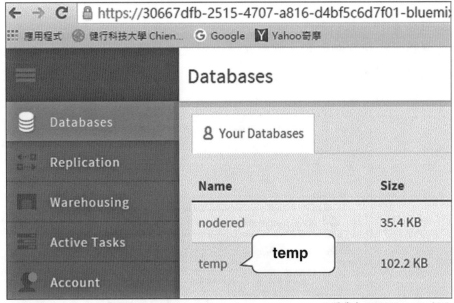

此圖截自 **IBM Bluemix** 網站

圖 12-13　temp 資料庫

9. 觀看 temp 資料庫

點 temp 資料庫觀看，可以看到資料庫內容，再點選每筆資料右上方的筆，如圖 12-14 所示，可以看到該筆資料的內容，如圖 12-15 所示。

此圖截自 **IBM Bluemix** 網站

圖 12-14　資料庫內容

可以看到一筆溫度值為 18 的資料。

此圖截自 **IBM Bluemix** 網站

圖 12-15　一筆資料內容

10. 調整溫度模擬器溫度值

調整模擬器畫面上顯示的溫度「往下」的箭頭，將模擬器溫度值往下調整至 9 度，如圖 12-16 所示。

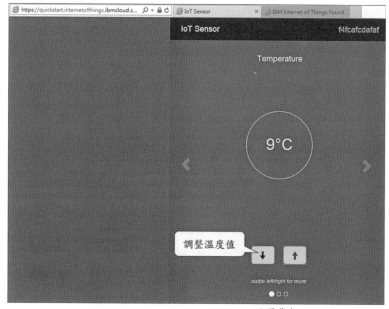

此圖截自 **IBM Bluemix** 網站

圖 12-16　模擬器溫度往下調整至 9 度

11. 重新整理 temp 資料庫

回到 temp 資料庫頁面按「重新整理」，如圖 12-17 所示。

此圖截自 **IBM Bluemix** 網站

圖 12-17　重新整理頁面

重新整理頁面後，可以看到資料庫後面幾筆資料的內容 payload 值為 9，如圖 12-18 所示。

此圖截自 **IBM Bluemix** 網站

圖 12-18　資料庫後面幾筆資料的內容 payload 值為 9

12. 新增 Warehouse

將 CloudantDB 切換至 Warehousing 頁面下，按 Create a dashDB Warehouse，如圖 12-19 所示。

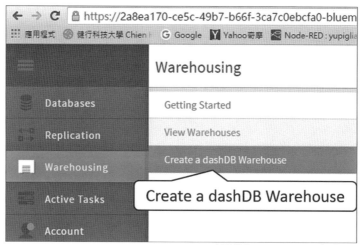

此圖截自 **IBM Bluemix** 網站

圖 12-19　點選 Create a Warehouse

輸入個人在 Bluemix 帳號與密碼，如圖 12-20 所示，再點選 Authenticate。

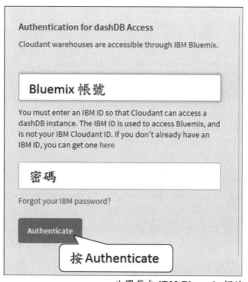

此圖截自 **IBM Bluemix** 網站

圖 12-20　輸入個人在 Bluemix 帳號與密碼

會出現新增資料庫至 Warehouse 的設定畫面，設定如圖 12-21 所示。

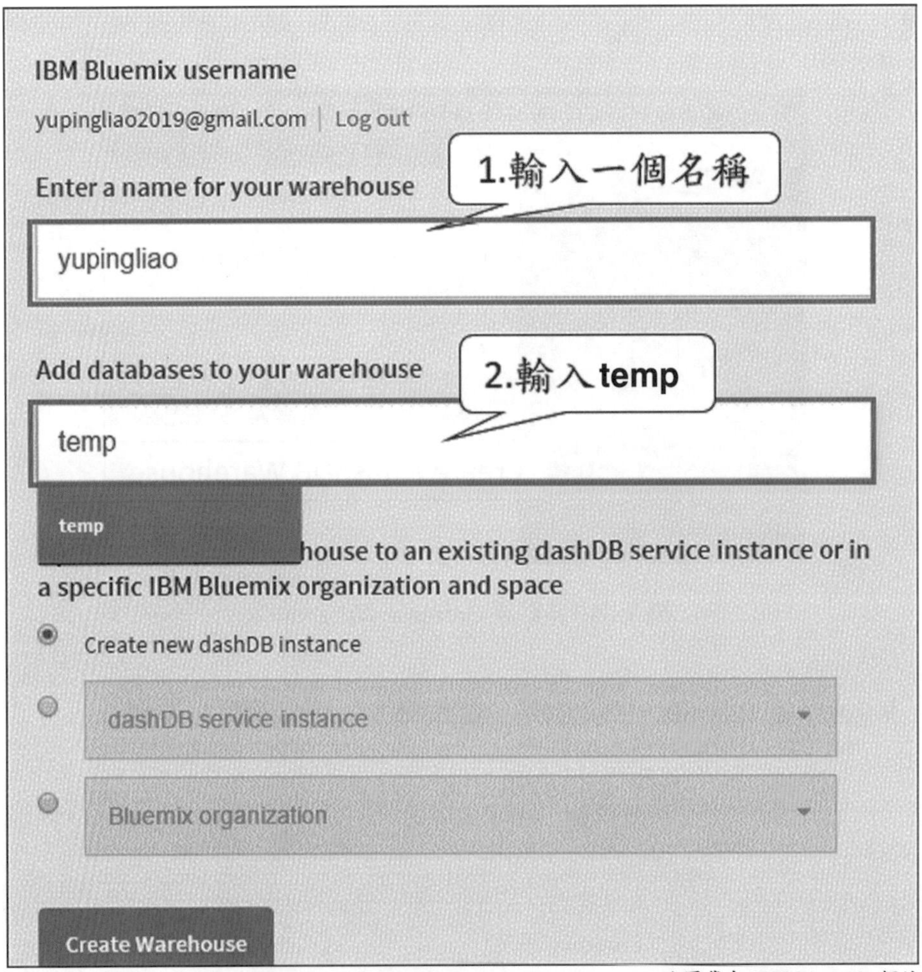

此圖截自 **IBM Bluemix** 網站

圖 12-21　增加資料庫 temp 至 Warehouse

輸入資料庫名稱 temp 後畫面如圖 12-22 所示，請按 Create Warehouse 鍵。

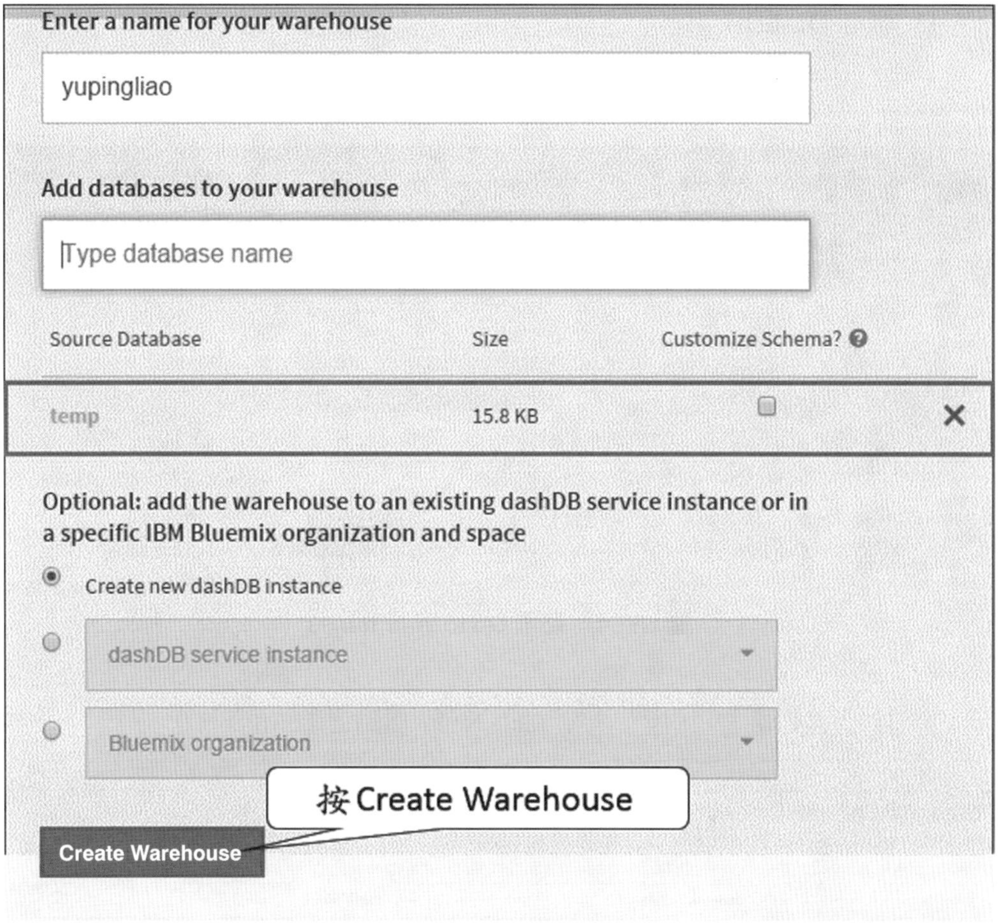

Enter a name for your warehouse

yupingliao

Add databases to your warehouse

Type database name

Source Database	Size	Customize Schema? ❓
temp	15.8 KB	☐ ✕

Optional: add the warehouse to an existing dashDB service instance or in a specific IBM Bluemix organization and space

◉　Create new dashDB instance

○　dashDB service instance ▾

○　Bluemix organization ▾

按 Create Warehouse

Create Warehouse

此圖截自 **IBM Bluemix** 網站

圖 12-22　創造新的 Warehouse

接著出現畫面如圖 12-23 所示，點選 Open in DashDB。

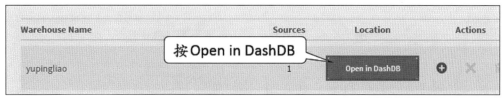

Warehouse Name	Sources	Location	Actions
按 Open in DashDB			
yupingliao	1	Open in DashDB	➕ ✕

此圖截自 **IBM Bluemix** 網站

圖 12-23　點選 Open in DashDB

241

13. 開啓 DashDB

會進入 DashDB，如圖 12-24 所示，點選 Go to your tables。

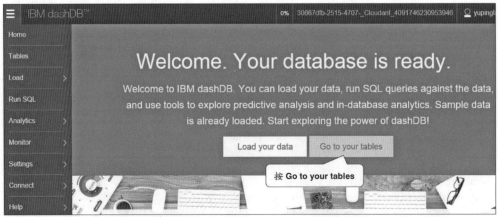

此圖截自 **IBM Bluemix** 網站

圖 12-24　點選 Go to your tables

會看到畫面如圖 12-25 所示，在 Table Name 處點選 TEMP。

此圖截自 **IBM Bluemix** 網站

圖 12-25　在 Table Name 處點選 TEMP

會出現 TEMP 表的 Table Definition 頁面，如圖 12-26 所示。

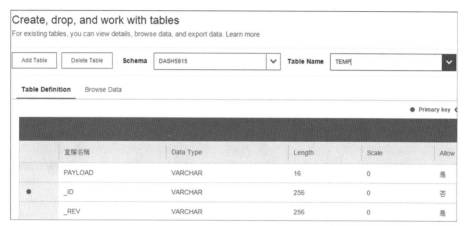

圖 12-26　TEMP 表的 Table Definition 頁面

切換至 Browse Data 頁面，可以看到 temp 資料庫內容，如圖 12-27 所示。

Create, drop, and work with tables

For existing tables, you can view details, browse data, and export data. Learn more

| Add Table | Delete Table | Schema | DASH5915 | ⌄ | Table Name |

| Table Definition | **Browse Data** |

切換至 Browse Data 頁面

Click a row to see its details.

| Maximum number of rows to retrieve: | 1000 | ⌃⌄ | Apply |

PAYLOAD	_ID
18	b546083e7aa02b6646e6fb133e4ba021
18	0c2f57d5cd60a933d1c8df468ee7befe
18	f863ec21855410eaf213f4a90f8f846e
18	78e6a3b25854d827859f090596db6232
18	f863ec21855410eaf213f4a90f8f5152

圖 12-27　切換至 Browse Data 頁面

14. 使用 R 語言繪製圖表

在 IBM dashDB 服務左邊選單選擇 Analytics → R Scripts，可以撰寫 R 語言對資料庫資料進行分析，如圖 12-28 所示。

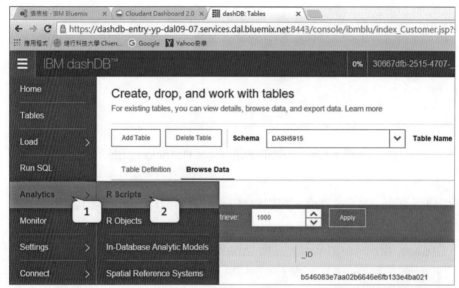

此圖截自 **IBM Bluemix** 網站

圖 12-28　使用 R 語言

進入 Run R scripts to analyze, manipulate, and visualize your data 頁面，按下「+Create a new script」圖示，如圖 12-29 所示。

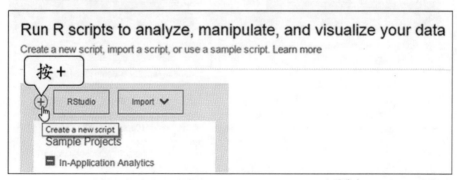

此圖截自 **IBM Bluemix** 網站

圖 12-29　按下「+Create a new script」圖示

進入 Select Columns 頁面，進入 DASH5915 → TEMP → Select all 後，按「套用」，如圖 12-30 所示。注意每個人在 DASH5915 此處會是不同的號碼。

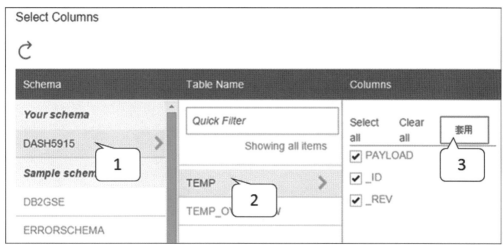

此圖截自 **IBM Bluemix** 網站

圖 12-30　Select Columns 頁面

出現 R Scripts 程式如圖 12-31 所示。複製 "DASH5915"."TEMP"。

此圖截自 **IBM Bluemix** 網站

圖 12-31　複製 "DASH5915"."TEMP"

再修改，如圖 12-32，按 Submit。

圖 12-32　修改 R Scripts

出現如圖 12-33 所示之溫度分布圖，選左上角 PDF 檔，會出現如圖 12-34 所示之圓餅圖。

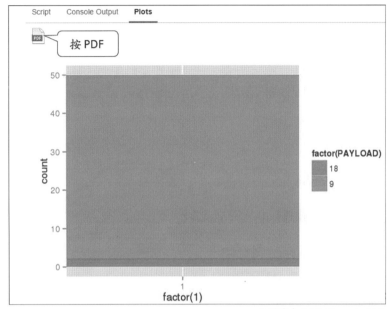

此圖截自 **IBM Bluemix** 網站

圖 12-33 溫度分布圖

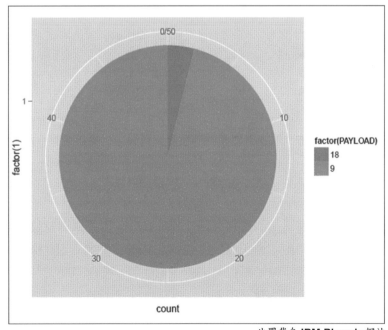

此圖截自 **IBM Bluemix** 網站

圖 12-34 溫度分布的圓餅圖 PDF 檔

六、實驗結果

　　雲端資料庫儲存溫度資料與分析實驗為藉由調整溫度模擬器的溫度值，在 IBM Bluemix 服務平台建立應用程式，建立雲端資料庫 Cloudant NoSQL Database 儲存各元件的訊息，並且使用 IBM dashDB 服務撰寫 R 語言產生資料分析圖表，如圖 12-35 所示。

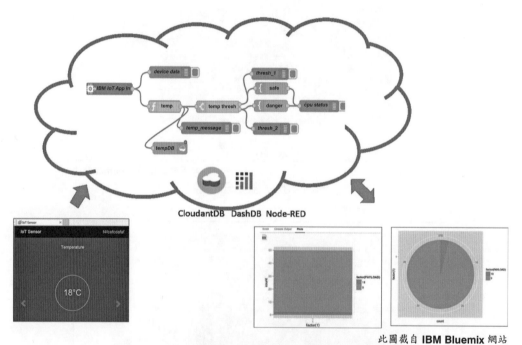

此圖截自 **IBM Bluemix** 網站

圖 12-35　雲端資料庫儲存溫度資料與分析實驗結果

補充站

R 是什麼？它是一個整合型的資料處理及統計軟體，也是繪圖軟體。R 最初是由紐西蘭奧克蘭大學的 Ross Ihaka 和 Robert Gentleman 開發，因此稱為 R。由於 R 是免付費的公開軟體，原始碼也可自由下載使用。在官方網站「http://www.r-project.org/」可以找到別人寫好的套件（Package）或程式碼。因此近年來使用的人越來越多，如：風險分析師、研究學者、統計學家等。R 具物件導向功能，具有執行使用者自訂功能及 Package 的能力。

第
13
堂
課

使用Node-RED建立HTTP服務

一、實驗目的

二、實驗設備

三、Node-RED應用程式重點說明

四、實驗步驟

五、實驗結果

一、實驗目的

在 IBM Bluemix 服務之雲端環境，使用 Node-RED 增加 HTTP 服務，查詢資料庫的內容，實驗架構如圖 13-1。

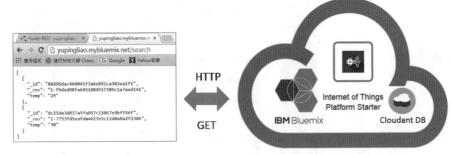

此圖截自 **IBM Bluemix** 網站

圖 13-1　使用 Node-RED 建立 HTTP 服務實驗架構

二、實驗設備

具上網功能之電腦一台與 IBM Bluemix 服務，如圖 13-2 所示。

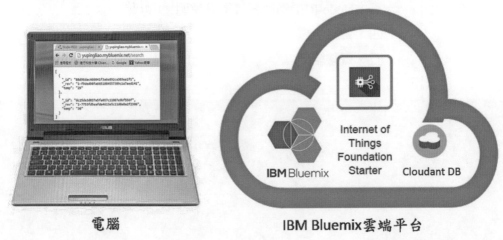

電腦　　　　　　　　　　IBM Bluemix雲端平台

此圖截自 **IBM Bluemix** 網站

圖 13-2　使用 Node-RED 建立 HTTP 服務實驗設備

三、Node-RED 應用程式重點說明

　　使用 Node-RED 建立 HTTP 服務程式 Node-RED 雲端應用程式流程圖如圖 13-3 所示。使用 Node-RED 建立 HTTP 服務程式重點說明如表 13-1 所示。

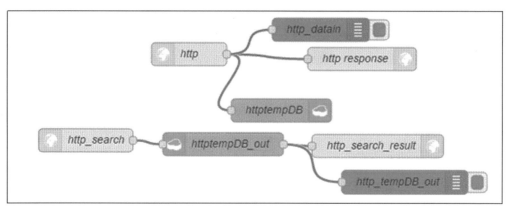

此圖截自 **IBM Bluemix** 網站

圖 13-3　使用 Node-RED 建立 HTTP 服務程式 Node-RED 雲端應用程式流程圖

表 13-1　使用 Node-RED 建立 HTTP 服務程式重點說明

節點名稱	節點內容	說明
http (in -> http)	"Method":"GET" "URL":"/datain" "Name": "http"	提供 HTTP 請求輸入節點，提供簡單的網頁服務。
http response (out -> http response)	"Name":"http response"	送回應回至發出 HTTP 請求處。
http_search (in -> http)	"Method":"GET" "URL":"/search" "Name": "http_serach"	提供 HTTP 請求輸入節點，提供簡單的網頁服務。
http_search_result (out -> http response)	"Name":"http_search_result"	送回應回至發出 HTTP 請求處。

節點名稱	節點內容	說明
http_datain (out->debug)	"Output":"complete msg object" "to":"debug tab" "Name":"http_datain"	debug 視窗顯示文字為完整的 msg 內容，顯示到「debug」頁面。節點名稱為「http_datain」。
http_tempDB_out (out->debug)	"Output":"complete msg object" "to":"debug tab" "Name":"http_tempDB_out"	debug 視窗顯示文字為完整的 msg 內容，顯示到「debug」頁面。節點名稱為「http_tempDB_out」。
httptempDB (storage -> cloudant out)	"Service":"yupingliao-cloudantNoS" "Database:httptemp" "Operation":"insert" ☑ Only store msg-payload object? "Name":"httptempDB"	服務選擇在 bluemix 建立的 CloudantDB 名稱，Cloudant output 節點儲存 msg 的 payload 內容在所選擇的資料庫「httptemp」中。節點名稱為「httptempDB」。
httptempDB_out (storage -> cloudant in)	"Service":"yupingliao-cloudantNoS" "Database:httptemp" "Search by":"all documents"， "Name":"httptempDB_out"	服務選擇在 bluemix 建立的 CloudantDB 名稱，從資料庫「httptemp」中找尋資料。節點名稱為，查詢所有文件，「httptempDB_out」。

四、實驗步驟

開啓 Node-RED 流程編輯環境→新增 HTTP 節點→編輯 Node-RED 流程→進行部署→測試 http 節點→測試以 GET 方式傳值→使用 http 存資料於資料庫→設定 Cloudant Out 節點→編輯 Node-RED 流程→加入 Cloudant In 節點→編輯 Cloudant In 節點內容→加入 http 與 http Response 節點→增加 debug 節點→進行部署→加入資料於資料庫→由瀏覽器查詢資料庫內容→ debug 視窗觀察流程傳遞訊息。

1. 開啓 Node-RED 流程編輯環境

由 IBM Bluemix 網頁「https://console.ng.bluemix.net/」登入 IBM Bluemix，從 IBM Bluemix 儀表板可以看到第十一堂課建立的 Internet of Things Founation Starter 應用程式，點選路徑 yupingliao.mybluemix.net，開啓 yupingliao.mybluemix.net 網頁，再點選 Go to your Node-RED flow editor，開啓 Node-RED 流程編輯環境，或是直接用瀏覽器輸入「http://yupingliao.mybluemix.net/red」。

2. 新增 http 節點

新增兩個節點 http 與 http Response，說明如表 13-2 所示。

表 13-2　Node-RED 流程圖中各節點的功能說明

節點名稱	節點內容	說明
http (in -> http)	"Method":"GET" "URL":"/datain" "Name":"http"	提供 http 請求輸入節點，提供簡單的網頁服務。
http response (out -> http response)	"Name":"http response"	送回應回至發出 http 請求處。

在 Node-RED 編輯環境左邊的 input 下，選出 http 往右拖曳，放置於流程中。再至 Node-RED 編輯環境左邊的 output 下，選出 http response 往右拖曳，放置於流程中，再按表 13-2 設定，如圖 13-4 與圖 13-5。

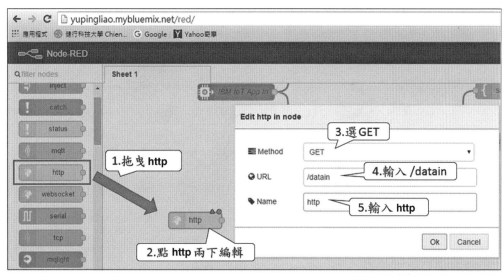

此圖截自 **IBM Bluemix** 網站

圖 13-4　節點 http 設定

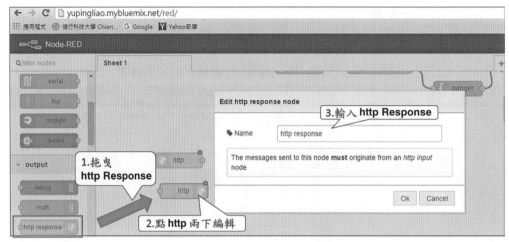

此圖截自 **IBM Bluemix** 網站

圖 13-5　節點「http response」設定

3. 編輯 Node-RED 流程

連接節點 http 與節點 http response，如圖 13-6 所示。

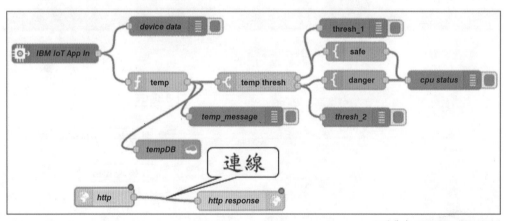

此圖截自 **IBM Bluemix** 網站

圖 13-6　連接 http 節點至 http response 節點

4. 進行部署

接著進行部署，可由 Node-RED 工作區右上角的 Deploy 按鈕，按一下它，即可部署修改過的流程。

5. 測試 http 節點

使用瀏覽器，測試 http 節點，輸入網址「應用程式網址 /datain」，例如 3-1 小節建立的應用程式網址為「http://yupingliao.mybluemix.net/」，則使用瀏覽器輸入「http://yupingliao.mybluemix.net/datain」，結果如圖 13-7 所示。

此圖截自 **IBM Bluemix** 網站

圖 13-7　http 節點測試

6. 測試以 GET 方式傳值

接著測試將變數值 temp=18 以 GET 方式傳送，使用瀏覽器輸入「http://yupingliao.mybluemix.net/datain?temp=18」，結果如圖 13-8 所示。可以看到回應的資料格式為 json 格式。

此圖截自 **IBM Bluemix** 網站

圖 13-8　http 節點測試 GET 傳值

傳值兩個資料可用及連接，例如將兩個變數值 temp=20 與 humidity=0.6 以 GET 方式傳送，使用瀏覽器輸入「http://yupingliao.mybluemix.net/datain?temp=20&humidity=0.6」，結果如圖 13-9 所示。可以看到回應的資料格式為 Json 格式。

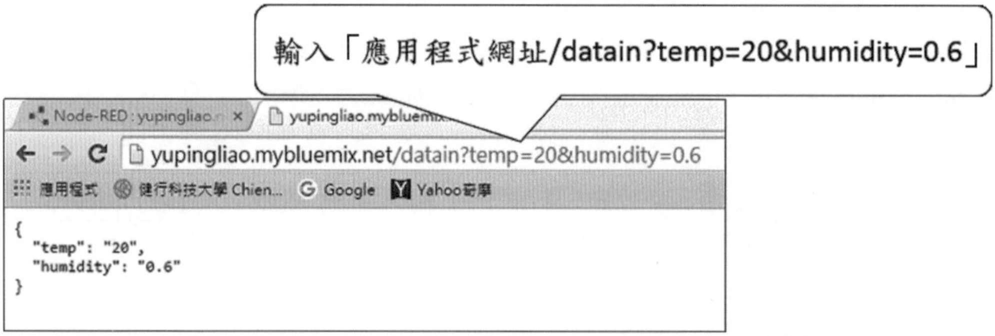

此圖截自 **IBM Bluemix** 網站

圖 13-9　http 節點測試 GET 傳兩個變數值

7. 使用 http 存資料於資料庫

本堂課將運用 http GET 方式傳送溫度值，並存入雲端資料庫。將加入 cloudant 節點整理如表 13-3 所示。先加入 cloudant out 節點，在 Node-RED 編輯環境左邊的 storage 下，選出 cloudant 往右拖曳，放置於流程中，如圖 13-10。

表 13-3　新增 cloudant 節點的設定

節點名稱	節點內容	說明
httptempDB (storage -> cloudant out)	"Service":"yupingliao-cloudantNoS" "Database:httptemp" "Operation":"insert" ☑ Only store msg-payload object? "Name":"httptempDB"	服務選擇在 bluemix 建立的 CloudantDB 名稱，Cloudant output 節點儲存 msg 的 payload 內容在所選擇的資料庫「httptemp」中。節點名稱為「httptempDB」。
httptempDB_ out (storage -> cloudant in)	"Service":"yupingliao-cloudantNoS" "Database:httptemp" "Search by":"all documents"， "Name": "httptempDB_out"	服務選擇在 bluemix 建立的 CloudantDB 名稱，從資料庫「httptemp」中找尋資料。節點名稱為「查詢所有文件，httptempDB_out」。

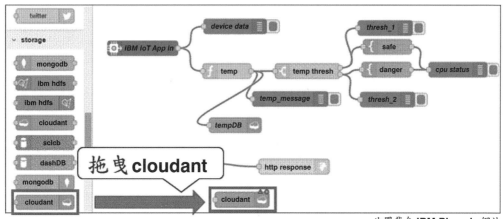

此圖截自 **IBM Bluemix** 網站

圖 13-10　拖曳 cloudant 至流程編輯區

8. 設定 cloudant out 節點

於 Node-RED 編輯區中點選 cloudant out，設定節點內容，如圖 13-11 所示。先選擇服務，再輸入資料庫名稱 httptemp，節點名稱為 httptempDB。

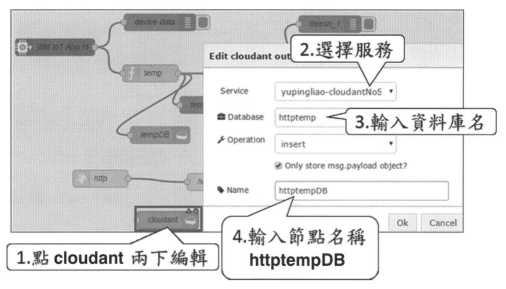

此圖截自 **IBM Bluemix** 網站

圖 13-11　編輯 cloudant out 節點內容

9. 編輯 Node-RED 流程

連接線節點 http 的輸出至 httptempDB 輸入，如圖 13-12 所示，則可以透過 http 傳值方式將資料存入資料庫中。

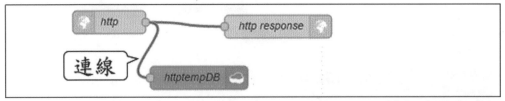

此圖截自 **IBM Bluemix** 網站

圖 13-12　編輯 Node-RED 流程

10. 加入「cloudant in」節點

運用 http 方式可讀取雲端資料庫內容，方法為先加入 cloudant in 節點，在 Node-RED 編輯環境左邊的 storage 下，選出 cloudant in 往右拖曳，如圖 13-13 所示，放置於流程中。

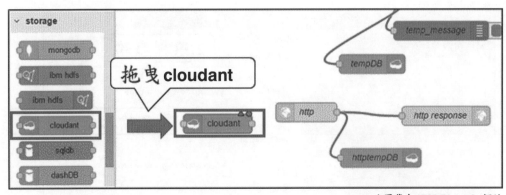

此圖截自 **IBM Bluemix** 網站

圖 13-13　拖曳 cloudant in 至流程編輯區

11. 編輯「cloudant in」節點內容

於編輯區中點選 cloudant，設定節點內容，如圖 13-14 所示。可以看到資料庫名稱為 httptemp，節點名稱為 httptempDB_out。

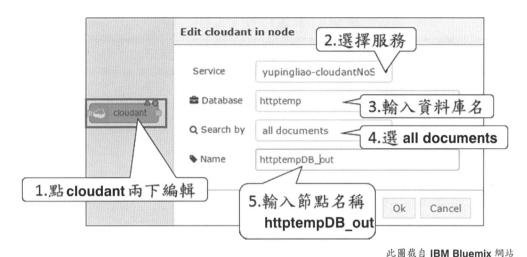

此圖截自 **IBM Bluemix** 網站

圖 13-14　資料庫內容

12. 加入 http 與 http response 節點

本小節將運用 http 方式讀取雲端資料庫內容。在 Node-RED 編輯，將 http 與 http response 加入，再設定如表 13-4 所示之內容，進行連線結果如圖 13-15 所示。

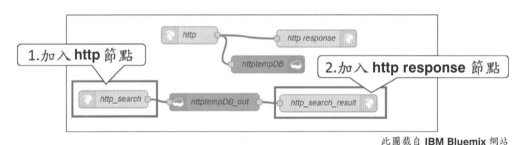

此圖截自 **IBM Bluemix** 網站

圖 13-15　將 http 與 http response 加入，並進行連線

表 13-4　新增 HTTP 節點的設定

節點名稱	節點內容	說明
http_search (in -> http)	"Method":"GET" "URL":"/search" "Name":"http_search"	提供 HTTP 請求輸入節點，提供簡單的網頁服務。
http_search_result (out -> http response)	"Name":"http_search_result"	送回應回至發出 HTTP 請求處。

13. 增加 debug 節點

為了更了解 HTTP 各節點輸出的結果，增加三個 debug 節點，如圖 13-16 所示。新增的節點內容說明如表 13-5 所示。

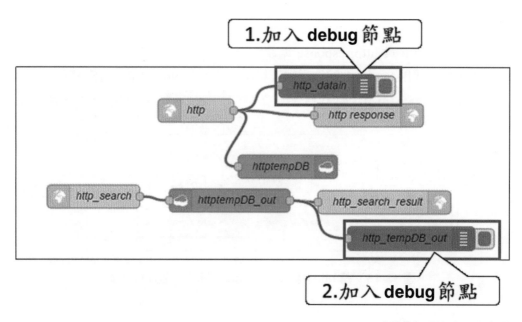

圖 13-16　增加兩個 debug 節點

表 13-5　新增 debug 的節點內容說明

節點名稱	節點內容	說明
http_datain (out -> debug)	"Output":"complete msg object" "to":"debug tab" "Name":"http_datain"	debug 視窗顯示文字為完整的 msg 內容，顯示到「debug」頁面。節點名稱為「http_datain」。
http_tempDB_out (out -> debug)	"Output":"complete msg object" "to":"debug tab" "Name":"http_tempDB_out"	debug 視窗顯示文字為完整的 msg 內容，顯示到「debug」頁面。節點名稱為「http_tempDB_out」。

14. 進行部署

接著進行部署，可由 Node-RED 工作區右上角的 Deploy 按鈕；按一下它，即可部署修改過的流程。

15. 加入資料於資料庫

接著測試將變數值 temp=29 使用 HTTP GET 方式傳值，存入資料庫，使用瀏覽器輸入「http://yupingliao.mybluemix.net/datain?temp=29」，結果如圖 13-17 所示。可以看到回應的資料格式為 json 格式 {"temp":"29"}。

此圖截自 **IBM Bluemix** 網站

圖 13-17　HTTP 節點測試 GET 傳值

261

　　再由瀏覽器傳送溫度資料 30 度，即 temp=30 以 GET 方式傳送，使用瀏覽器輸入「http://yupingliao.mybluemix.net/datain?temp=30」，結果如圖 13-18 所示。可以看到回應的資料格式為 json 格式 {"temp":"30"}。

此圖截自 **IBM Bluemix** 網站

圖 13-18　HTTP 節點測試 GET 傳值

16. 使用瀏覽器查詢資料庫內容

　　再由瀏覽器查詢資料庫內容，使用瀏覽器輸入「http://yupingliao.mybluemix.net/search」，結果如圖 13-19 所示。可以看到回應的資料為資料庫內容，為前一步驟存入的兩筆資料。

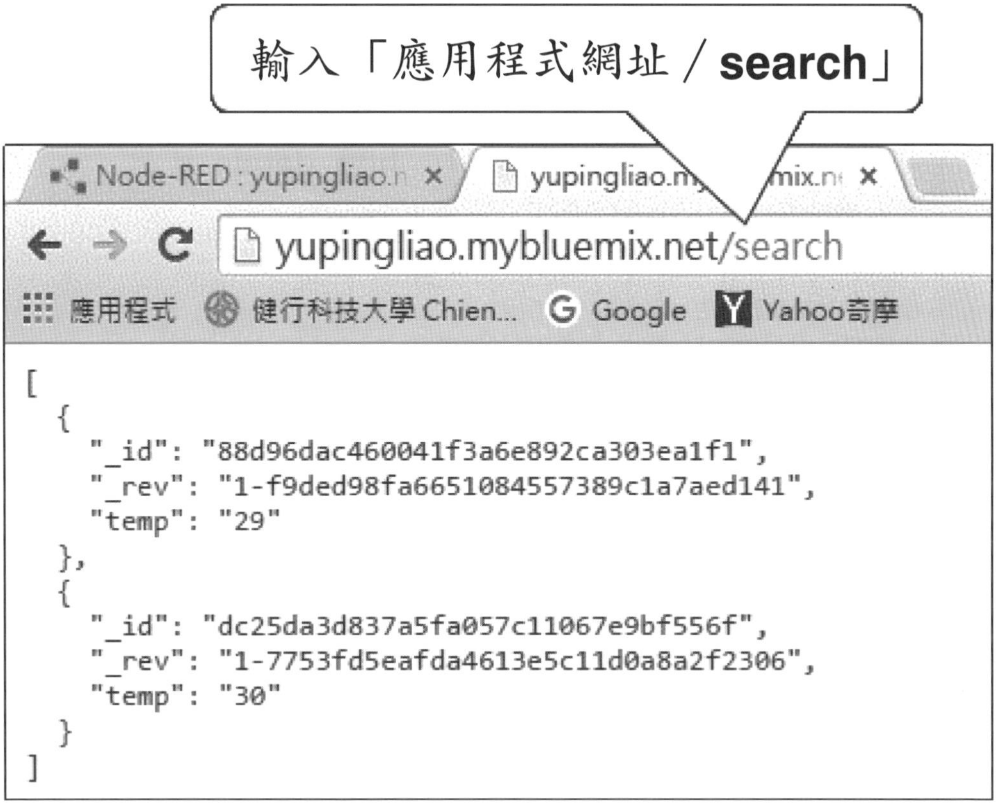
輸入「應用程式網址 / search」
Node-RED : yupingliao.n
yupingliao.m
mix.n
yupingliao.mybluemix.net/search
應用程式
健行科技大學 Chien...
Google
Yahoo奇摩
[
{
"_id": "88d96dac460041f3a6e892ca303ea1f1",
"_rev": "1-f9ded98fa6651084557389c1a7aed141",
"temp": "29"
},
{
"_id": "dc25da3d837a5fa057c11067e9bf556f",
"_rev": "1-7753fd5eafda4613e5c11d0a8a2f2306",
"temp": "30"
}
]

此圖截自 **IBM Bluemix** 網站

圖 13-19　HTTP 讀取資料庫資料結果

17. debug 視窗觀察流程傳遞訊息

使用瀏覽器傳送溫度資料 25 度，即 temp=25 以 GET 方式傳送，使用瀏覽器輸入「http://yupingliao.mybluemix.net/datain?temp=25」，可以看到 debug 視窗有訊息顯示 http_datain 節點訊息，如圖 13-20 所示。

此圖截自 **IBM Bluemix** 網站

圖 13-20　HTTP GET 傳值時之 debug 訊息

18. 由瀏覽器查詢資料庫內容

　　再由瀏覽器查詢資料庫內容，使用瀏覽器輸入「http://yupingliao.mybluemix.net/search」，可以看到 debug 視窗有訊息顯示 http_tempDB_out 節點訊息，如圖 13-21 所示。

圖 13-21　HTTP 讀取資料庫資料時之 debug 訊息

五、實驗結果

　　使用 Node-RED 建立 HTTP 服務，可輸入資料於 Cloudant Database DB 內儲存，並也能使用 HTTP 服務讀取資料課內容，如圖 13-22 所示。

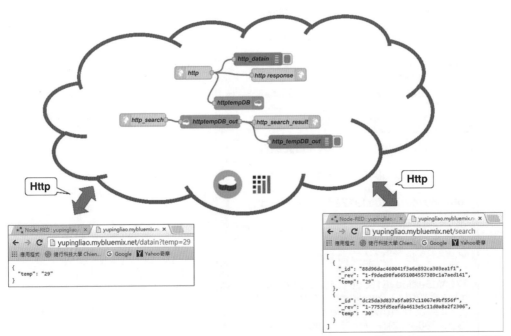

此圖截自 **IBM Bluemix** 網站

圖 13-22　　使用 Node-RED 建立雲端應用程式實驗結果

補充站

Cloudant NoSQL DB 是什麼？Cloudant NoSQL DB 可讓您存取一律開啟的完全受管理 NoSQL JSON 資料層。此服務與 CouchDB 相容，而且可透過行動式及 Web 應用程式模型的易用 HTTP 介面來存取。Cloudant 是一家提供了分散式的資料庫即服務（DATABASE-AS-A-SERVICE）的公司。由麻省理工的物理學博士 Alan Hoffman、Adam Kocoloski、Mike Miller 創立。Cloudant 公司為那些需要非關係型資料庫（NoSQL）但不想自行管理的企業提供了托管服務。Cloudant NoSQL DB 相容於 CouchDB，是面向大規模可延伸物件資料庫的儲存系統。不同於關係型資料庫，CouchDB 沒有將資料和關係儲存在表格裡。替代的每個資料庫是一個獨立的文件集合。CouchDB 將資料儲存為「文件」，其為用 JSON 表示的有一個或者多個欄位／值的對。欄位的值可以是簡單的東西比如字串、數字或者時間；但是陣列和字典同樣也可以使用。CouchDB 中的每一個文件有一個唯一的 Id。

CHAPTER ▶▶ ▶

IoT服務裝置註冊介紹

一、實驗目的

二、實驗設備

三、IBM Bluemix IoT服務重點說明

四、實驗步驟

五、實驗結果

一、實驗目的

使用 IBM Bluemix 服務之雲端環境，建立 IoT 服務（MQTT Broker），可以讓裝置能運用此服務，進行物與物之間的溝通。要使用 IoT 服務的裝置，需要先進行註冊，本實驗將建立 IoT 服務，並將溫度計裝置、自走車裝置與機器手臂裝置進行註冊，實驗架構如圖 14-1 所示。

機器手臂
裝置ID:123456789ARM

IBM Bluemix雲端平台

自走車
裝置ID:123456789BMW

溫度計裝置
裝置ID:123456789038

手機(IOS作業系統)
裝置ID:ios_phone

手機(android作業系統)
裝置ID:android_phone

此圖截自 **IBM Bluemix** 網站

圖 14-1　IoT 服務註冊裝置

二、實驗設備

具上網功能之電腦一台與 IBM Bluemix 服務，如圖 14-2 所示。

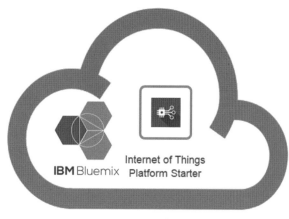

電腦　　　　　　　　　　　　　IBM Bluemix雲端平台

圖 14-2　IoT 服務裝置註冊介紹實驗設備

三、IBM Bluemix IoT 服務重點說明

　　IBM Bluemix IoT 服務提供 MQTT Broker，使用者建立一個 IoT 服務之後，Bluemix 平台會隨機產生一個特定名稱的組織 ID，並建立一個 IP 位址為「組織 ID.messaging.internetofthings.ibmcloud.com」，可以讓在該組織註冊的裝置發布訊息與訂閱資訊，本實驗示範註冊五樣裝置於組織 ID 為 9msged，裝置使用雲端服務的專案會在第十五堂課介紹，各裝置分別說明於表 14-1。

表 14-1　BM Bluemix IoT 服務

裝置	裝置 ID	裝置類型	Client ID （d：組織 ID：裝置類型：裝置 ID）
溫度計裝置	123456789038	Arduino	d: 組織 ID:Arduino:123456789038
自走車裝置	123456789BMW	Car	d: 組織 ID:Car:123456789BMW
機器手臂裝置	123456789ARM	Arm	d: 組織 ID:Car:123456789ARM
安卓系統手機	android_phone	Phone	d: 組織 ID:Phone:android_phone
Ios 系統手機	Ios_phone	Phone	d: 組織 ID:Phone:ios_phone

四、實驗步驟

登入 IBM Bluemix →啟動 IoT 服務儀表板→新增裝置→新增 Arduino 裝置類型 →新增 Arduino 裝置→新增其他裝置。

1. 登入 IBM Bluemix

從 IBM Bluemix 網頁：「https://console.ng.bluemix.net/」登入 IBM Bluemix，從 IBM Bluemix 儀表板可以看到第十一堂課建立的 Internet of Things Platform Starter 應用程式，到儀表板的該應用程式頁面，點選 Internet of Things 服務如圖 14-3 所示。

此圖截自 **IBM Bluemix** 網站

圖 14-3　Internet of Things Founation Starter 應用程式

進入 Internet of Things 管理頁面，如圖 14-4 所示，點左下角 BluemixDash-board.BtnLaunch 可啟動儀表板。

此圖截自 **IBM Bluemix** 網站

圖 14-4　啟動 IoT 服務儀表板

2. 新增裝置

進入 IBM Watson IoT Platform，由左邊選單中選擇「裝置」，再按「+新增裝置」，如圖 14-5。

此圖截自 **IBM Bluemix** 網站

圖 14-5　Internet of Things **畫面**

3. 新增 Arduino 裝置類型

進入「新增裝置」頁面，如圖 14-6 所示，點選「建立裝置類型」。

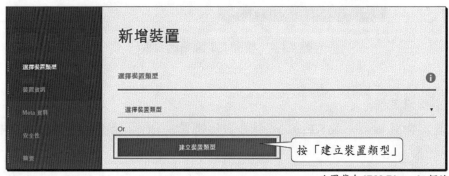

此圖截自 **IBM Bluemix** 網站

圖 14-6　「新增裝置」頁面

再點選 Create device type，如圖 14-7 所示。

此圖截自 **IBM Bluemix** 網站

圖 14-7　選 Create Device Type

新增一個裝置類型，名稱為 Arduino，如圖 14-8，按「下一步」。

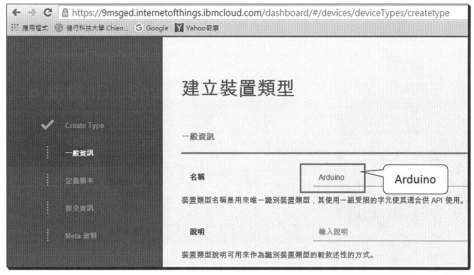

此圖截自 **IBM Bluemix** 網站

圖 14-8　建立裝置類型

接著點選「建立」，如圖 14-9 所示。

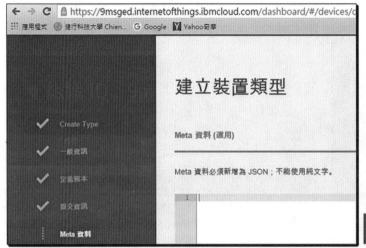

此圖截自 **IBM Bluemix** 網站

圖 14-9　建立裝置類型完成

4. 新增 Arduino 裝置

在新增裝置處選擇裝置類型為 Arduino，按「下一步」，如圖 14-10 所示。

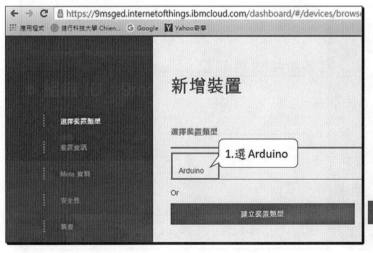

此圖截自 **IBM Bluemix** 網站

圖 14-10　新增裝置

接著出現輸入裝置 ID 的頁面，如圖 14-11，在裝置 ID 處輸入 123456789038，按「下一步」。

此圖截自 **IBM Bluemix** 網站

圖 14-11　輸入裝置 ID

按「新增」，會出現裝置認證訊息，複製此區文字，貼至文字編輯器儲存，如圖 14-12 所示。

此圖截自 **IBM Bluemix** 網站

圖 14-12　產生裝置認證

將裝置認證資料複製與貼上至文字檔中，整理如表 14-2。

表 14-2　裝置 123456789038 認證資料

組織 ID	9msged
裝置類型	Arduino
裝置 ID	123456789038
鑑別方法	Token
鑑別記號	!bMKWWEpGzyL(HBEB7

關閉新增裝置視窗後，回到組織之頁面，可以看到有新增了一項裝置，如圖 14-13 所示。

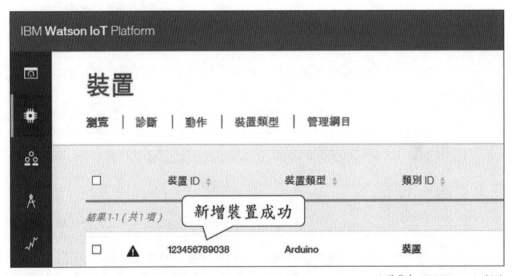

此圖截自 **IBM Bluemix** 網站

圖 14-13　新增一項裝置完成畫面

5. 新增其他裝置

按照表 14-1 增加其他四樣裝置，可參考第一個裝置之流程。新增結果如圖 14-14，各裝置認證資料整理如表 14-3 至表 14-7。

此圖截自 **IBM Bluemix** 網站

圖 14-14　新增裝置完成

表 14-3　裝置 123456789038 認證資料

組織 ID	9msged
裝置類型	Arduino
裝置 ID	123456789038
鑑別方法	Token
鑑別記號	!bMKWWEpGzyL(HBEB7

表 14-4　裝置 123456789ARM 認證資料

組織 ID	9msged
裝置類型	Arm
裝置 ID	123456789ARM
鑑別方法	Token
鑑別記號	QGcTCMPPc)yzO?YnKF

表 14-5　裝置 123456789BMW 認證資料

組織 ID	9msged
裝置類型	Car
裝置 ID	123456789BMW
鑑別方法	Token
鑑別記號	@pZN(+Pjlh5MlE+n8h

表 14-6　裝置 Android_phone 認證資料

組織 ID	9msged
裝置類型	Phone
裝置 ID	android_phone
鑑別方法	Token
鑑別記號	ca*LnrO316MuG?bbw0

表 14-7　裝置 ios_phone 認證資料

組織 ID（org ID）	9msged
裝置類型（device type）	Phone
裝置 ID（device ID）	ios_phone
鑑別方法	Token
鑑別記號（authorization token）	djBLX&34OYRUDT*mkm

五、實驗結果

　　IoT 服務裝置註冊介紹實驗結果如圖 14-15 所示，已經建立成功 5 項裝置於 Bluemix IoT 服務平台，組織 ID 為 9msged。注意每個人建立此 IoT 服務產生的組織是不同的。下堂課會使用實際裝置運用這些認證建立物與物之溝通。

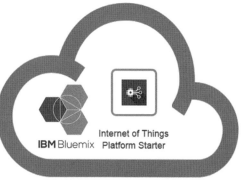

此圖截自 **IBM Bluemix** 網站

圖 14-15　IoT 服務裝置註冊介紹實驗結果

補充站

物聯網（IoT, Internet of Thing）的概念早於 1998 年出現，但直到智慧型手機的風行，才讓物聯網為眾人所熟知。小米創辦人雷軍曾說：「我希望有一天你掏出小米手機，家裡的智能設備都能連在一起，一切都在掌握之中。」

然而，真正的物聯網並非由人透過手機個別地監視控制各項物品，真正應該做到的，是讓每個硬體之間都能相互連接，然後感知當時環境控制自己，就像一個智能生物體的存在。

今日，甚至有人認為物聯網 IoT 已經不夠看，應該邁向萬物聯網 IOE（Internet of Everything）的時代。可以想像，在可預見的未來，我們生活中的各項物品，將如同哆啦 A 夢的道具一般，「活」了起來。

第
15
堂
課

物聯網專題實作——Node-RED雲端應用程式

一、實驗目的

二、實驗設備

三、實驗配置

四、重點語法

五、Arduino程式

六、實驗步驟

七、實驗結果

一、實驗目的

此實驗將示範如何運用 MQTT（Message Queuing Telemetry Transport）技術，讓物與物之間訊息相通，本實作範例使用一組溫度計裝置（發布溫度資料至 MQTT Broker）、一組機器手臂、一部自走車裝置（從 MQTT Broker 訂閱資料），與雲端應用程式（Node-RED）。

溫度裝置發布溫度後，雲端應用程式會判斷溫度是否過高，若溫度過高則再發布警告資訊，訂閱資訊者收到訂閱資訊為警告訊息時，機器手臂會降低工作速度，自走車會出發救援。物聯網專題實作實驗架構如圖 15-1 所示，本堂課先建立 Node-RED 雲端應用程式並由溫度裝置發布溫度至雲端平台。

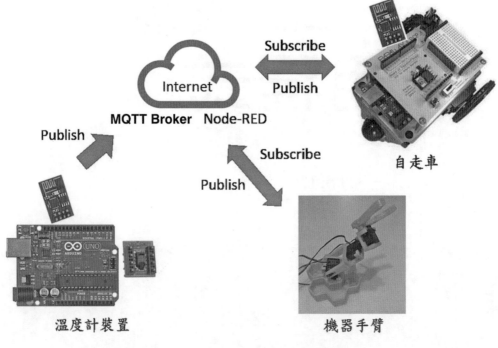

圖 15-1　物聯網專題實作實驗架構

二、實驗設備

物聯網專題實作實驗設備需要一台電腦、一組溫度計裝置（Arduino Uno 板 +ESP8266 UART 轉 WiFi 模組 +SHT11 溫濕度計一個）、一組自走車裝置（Arduino BB Car + ESP8266 UART 轉 WiFi 模組），與一組機器手臂裝置（Arduino Uno 板一個、Arduino 擴充板一個、Arduino Ethernet Shield 乙太網路擴充板一個、5V 3A 變壓器一個、四個伺服機 MG90S），如圖 15-2 所示。

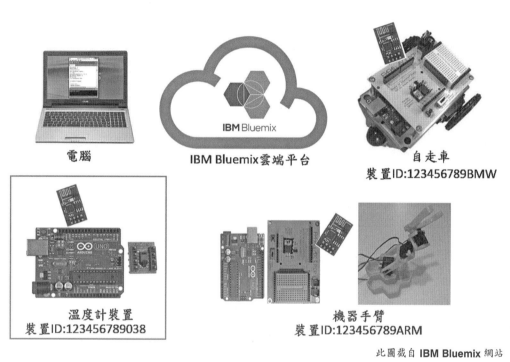

此圖截自 **IBM Bluemix** 網站

圖 15-2　物聯網專題實作實驗設備

三、實驗配置

物聯網專題實作之溫度計裝置配置分兩部分說明，第一部分是溫度計裝置，請參見第十三堂課之說明，如圖 15-3 所示。

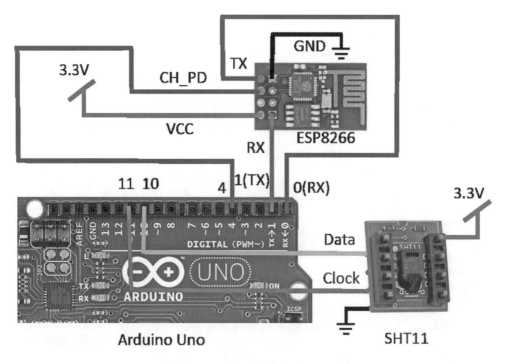

圖 15-3　溫度計裝置部分實驗配置

物聯網專題實作——Node-RED 雲端應用程式流程圖如圖 15-4 所示。

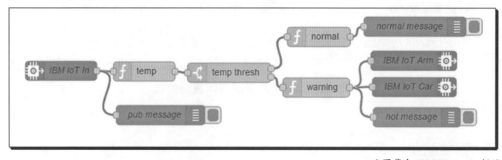

此圖截自 **IBM Bluemix** 網站

圖 15-4　物聯網專題實作——Node-RED 雲端應用程式流程圖

表 15-1　Node-RED 流程圖中各節點的功能說明

節點名稱	節點內容	說明
IBM IoT In (input -> ibmiot)	"Authentication":"Bluemix service", "Input Type":"Device Event", "Device type":"Arduino", "Device Id":"123456789038", "Name":"IBM IoT In"	鑑別類型為「Bluemix service」，輸入形式為「Device Event」，裝置類型為「Arduino」，裝置 ID 為「123456789038」，節點名稱為「IBM IoT In」。
IBM IoT Arm (output->ibmiot)	'Authentication':"Bluemix Service", 'Output Type':"Device Command",'Device Type':" Arm", "Device Id':" 123456789ARM",	鑑別類型為為「Bluemix Service」，輸出類型為「Device Command」，裝置類型為「Arm」，裝置 ID 為「123456789ARM」，節點名稱為「IBM IoT Arm」。
IBM IoT Car (output->ibmiot)	'Authentication':"Bluemix Service", 'Output Type':"Device Command", 'Device Type':"Car", "Device Id":"123456789BMW",	鑑別類型為「Bluemix Service」，輸出類型為「Device Command」，裝置類型為「Car」，裝置 ID 為「123456789BMW」，節點名稱為「IBM IoT Car」。
pub message (output-> debug)	"Output":"message property" msg.payload "to":"debug tab" "Name":"pub message"	輸出為「msg.payload」內容至「debug」視窗，節點名稱為「pub message」。
temp (function->function)	"Name":"temp" "Function":"return {payload:msg.payload.d.temp};" "Outputs":"1"	節點名稱為「tmep」，函數內容為回傳 {payload:msg.payload.d.temp}，輸出節點為 1 個。
temp thresh (function->switch)	"Name":"temp thresh" "Property":"msg.payload" <=40 -> 1 >40-> 2 "rule":"check all rules"	節點名稱為「temp thresh」，判斷 msg.payload 的值，當其值小於等於 40 時，送出 payload 的值至通道 1 輸出；若其值大於 40 時，送出 payload 的值至通道 2 輸出。
normal (function->function)	msg.payload = JSON.stringify ({type: "normal"});return msg;	節點名稱為「normal」，payload 的內容為「msg.payload = JSON.stringify ({ type: "normal"});return msg;」。
normal message (output->debug)	"Output":"message property" msg.payload "to":"debug tab" "Name":" normal message"	輸出為「msg.payload」內容至「debug」視窗，節點名稱為「normal message」。

287

節點名稱	節點內容	說明
warning (function->function)	msg.payload = JSON.stringify({ type: "hot"});return msg;	節點名稱為「warning」，payload 的內容為「msg.payload = JSON. stringify({ type: "hot"});return msg;」。
hot message (output->debug)	"Output":"message property" msg.payload "to":"debug tab" "Name":"hot message"	輸出為「msg.payload」內容至「debug」視窗，節點名稱為「hot message」。

四、重點語法

表 15-2　物聯網專題實作之 Arduino 重點語法整理如

語法	說明
#include <SoftwareSerial.h> #include <espduino.h> #include <mqtt.h> #include <SHT1x.h>	Library 宣告。
SoftwareSerial debugPort(2, 3);	創造序列埠，腳位 2 為 RX，腳位 3 做為 TX。
ESP esp(&Serial, &debugPort, 4);	創造 ESP 物件。
MQTT mqtt(&esp);	創造 MQTT 物件。
servoLeft.attach(13);	左馬達訊號腳接 13 腳。
servoRight.attach(12);	右馬達訊號腳接 12 腳。
servoLeft.writeMicroseconds(1500);	對左馬達輸出脈衝寬度為 1.5ms 訊號。
servoRight.writeMicroseconds(1700);	對右馬達輸出脈衝寬度為 1.7ms 訊號。
mqtt.begin("d:9msged:Arduino:123456789038", "use-token-auth", "!bMKWWEpGzyL(HBEB7", 120, 1)	設定 MQTT Client 端。要連上 IBM IoT 平台的 9msged MQTT Broker，規定 ClientID 格式為「d: 9msged: 自取元件名 : 自取特別的字串」。Username 是「use-token-auth」，密碼是「!bMKWWEpGzyL(HBEB7」。
mqtt.begin("d:quickstart:Arduino:123456789038", "use-token-auth", "fFcj3nuEjofmNyj!e&", 120, 1)	設定 MQTT Client 端。要連上 IBM IoT 平台的 quickstart MQTT Broker，規定 ClientID 格式為「d: quickstart: 自取元件名 : 自取特別的字串」。quickstart MQTT Broker 不檢查後面兩個參數。

語法	說明
mqtt.connect("quickstart.messaging.internetofthings.ibmcloud.com", 1883, false);	連接上 MQTT Broker「quickstart.messaging.internetofthings.ibmcloud.com」，連接埠為 1883，false 是代表不啟用 ssl。
mqtt.subscribe("iot-2/cmd/+/fmt/json"); /*with qos = 0*/	訂閱資訊 TOPIC 為「iot-2/cmd/+/fmt/json」，預設 qos=0 代表不驗證，資料有可能會丟失。
mqtt.dataCb.attach(&mqttData);	設定 MQTT Client 端收到訂閱資料時執行 mqttData 函數。

void mqttData(void* response)
{
　RESPONSE res(response);
 	
debugPort.print("Received: topic=\n");
　String topic = res.popString();
　debugPort.println(topic);
debugPort.println(topic);
debugPort.print("data=");
　String data = res.popString();
debugPort.println(data);
 	
if (data=="hot")
{
servoLeft.writeMicroseconds(1300);
servoRight.writeMicroseconds(1700);
}
else
{
servoLeft.writeMicroseconds(1500);
servoRight.writeMicroseconds(1500);
}
}
	mqttData 函數內容為收到訂閱資料時，印出 topic 內容與資料內容。若資料內容為「hot」，則自走車會前進否則自走車停止。

五、Arduino 程式

物聯網專題實作溫度計裝置之 Arduino 程式與說明，整理如表 15-3 所示。自走車裝置之 Arduino 程式與說明，整理如表 16-4 所示。

表 15-3　物聯網專題實作溫度計裝置之 Arduino 程式與說明

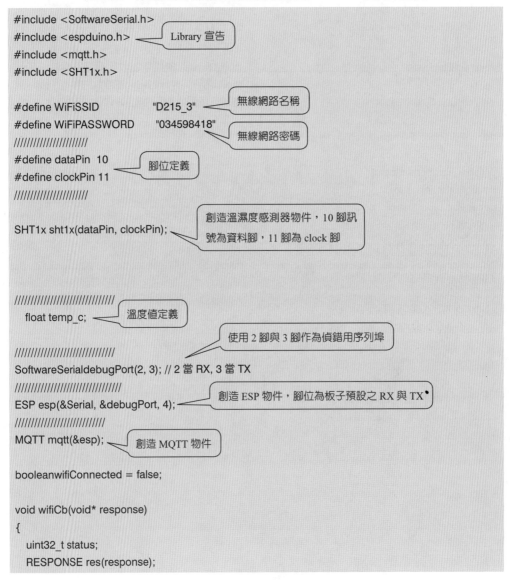

```
#include <SoftwareSerial.h>
#include <espduino.h>          Library 宣告
#include <mqtt.h>
#include <SHT1x.h>

#define WiFiSSID          "D215_3"          無線網路名稱
#define WiFiPASSWORD      "034598418"
//////////////////////                      無線網路密碼
#define dataPin  10        腳位定義
#define clockPin 11
//////////////////////

SHT1x sht1x(dataPin, clockPin);       創造溫濕度感測器物件，10 腳訊
                                      號為資料腳，11 腳為 clock 腳


/////////////////////////////////
   float temp_c;       溫度值定義

                              使用 2 腳與 3 腳作為偵錯用序列埠
/////////////////////////////////
SoftwareSerialdebugPort(2, 3); // 2 當 RX, 3 當 TX
/////////////////////////////////      創造 ESP 物件，腳位為板子預設之 RX 與 TX
ESP esp(&Serial, &debugPort, 4);
/////////////////////////////////
MQTT mqtt(&esp);       創造 MQTT 物件

booleanwifiConnected = false;

void wifiCb(void* response)
{
  uint32_t status;
  RESPONSE res(response);
```

```
   if(res.getArgc() == 1) {
res.popArgs((uint8_t*)&status, 4);
   if(status == STATION_GOT_IP) {
debugPort.println("WIFI CONNECTED");
mqtt.connect("9msged.messaging.internetofthings.ibmcloud.com", 1883, false);

wifiConnected = true;
   } else {
wifiConnected = false;
mqtt.disconnect();
   }

  }
}

void mqttConnected(void* response)
{
debugPort.println("Connected");
String deviceEvent;

deviceEvent = String("{\"d\":{\"myName\":\"Arduino Uno\",\"temp\":");
  char buffer[60];
dtostrf(getTemp(),1,2, buffer);
deviceEvent += buffer;
deviceEvent += "}}";


mqtt.publish("iot-2/evt/Arduino/fmt/json", (char*) deviceEvent.c_str());



mqtt.subscribe("iot-2/cmd/+/fmt/json");

}
void mqttDisconnected(void* response)
{

}
```

判斷 WiFi 連接是否成功

連接 MQTT Broker

若 WiFi 連接不成功

MQTT 連接成功執行的函數

產生 json 格式字串

呼叫 getTemp 取得溫度值，再轉為字串存入 buffer

發布訊息至 MQTT Broker，Topic 為 "iot-2/evt/Arduino/fmt/json"

```
void mqttData(void* response)
{
    RESPONSE res(response);                收到訂閱資訊，印出收到的資訊內容

debugPort.print("Received: topic=\n");
    String topic = res.popString();
debugPort.println(topic);
debugPort.println(topic);
debugPort.print("data=");
    String data = res.popString();
debugPort.println(data);


}
void mqttPublished(void* response)
{


}
void setup() {
Serial.begin(19200);              預設的序列通訊埠之包率為 19200

    debugPort.begin(19200);           監看預設的序列通訊埠之包率為 19200

esp.enable();           致能 esp8266，控制 CH_PD 腳為 H
    delay(500);
esp.reset();
    delay(500);              等到 esp8266 準備好時

    while(!esp.ready());               從 MQTT Broker 訂閱資訊，Topic 為 "iot-2/cmd/+/fmt/json"

debugPort.println("ARDUINO: setup mqtt client");
          若連接 MQTT Broker 不成功

if(!mqtt.begin("d:9msged:Arduino:123456789038", "use-token-auth", "!bMKWWEpGzyL(HBEB7", 120,
1)) {
{   debugPort.println("ARDUINO: fail to setup mqtt");
       while(1);
    }
debugPort.println("ARDUINO: setup mqttlwt");
```

```
/*setup mqtt events */          設定 MQTT 事件

        設定 MQTT 連接成功時執行 mqttConnected 函數

mqtt.connectedCb.attach(&mqttConnected);

          設定 MQTT 連接不成功時執行 mqttDisconnected 函數

mqtt.disconnectedCb.attach(&mqttDisconnected);

            設定 MQTT 發布資訊時執行 mqttPublished 函數

mqtt.publishedCb.attach(&mqttPublished);

              設定 MQTT 收到訂閱資訊時執行 mqttData 函數

mqtt.dataCb.attach(&mqttData);

  /*setup wifi*/
debugPort.println("ARDUINO: setup wifi");

          設定收到 WiFi 的回應時執行 wifiCb 函數

esp.wifiCb.attach(&wifiCb);

                              連接 WiFi

esp.wifiConnect(WiFiSSID, WiFiPASSWORD);

debugPort.println("ARDUINO: system started");
}

void loop() {
esp.process();
  if(wifiConnected) {

  }
}              取得 SHT11 溫度值函數

float getTemp(void) {
    float t;
```

取得 SHT11 攝氏溫度值

```
    t=sht1x.readTemperatureC();
    // The returned temperature is in degrees Celcius.
    return (t);
}
```

六、實驗步驟

開啓 Node-RED 流程編輯器→新增頁面→加入 ibmiot 節點與設定→加入 function 節點與設定→加入 switch 節點與設定→加入 function 節點與設定過熱條件處理→加入 function 節點與設定正常條件處理→加入 ibmiot 節點與設定→加入 ibmiot 節點與設定→編輯 Node-RED 流程→加入三個 debug 節點→進行部署→用 MQTT 技術發布溫度資料→觀看 Node-RED 訊息視窗。

1. 開啓 Node-RED 流程編輯器

從 IBM Bluemix 網頁：「https://console.ng.bluemix.net/」登入 IBM Bluemix，點 IBM Bluemix 儀表板，如圖 15-5，可以看到已建立的應用程式，如圖 15-6 所示應用程式爲 yupingliao，點路徑 yupingliao.mybluemix.net，開啓 yupingliao.mybluemix.net 網頁，如圖 15-7 所示，再點選「Go to your Node-RED flow editor」，開啓 Node-RED 流程編輯環境。

此圖截自 **IBM Bluemix** 網站

圖 15-5　儀表板

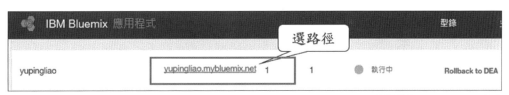

此圖截自 **IBM Bluemix** 網站

圖 15-6　應用程式路徑

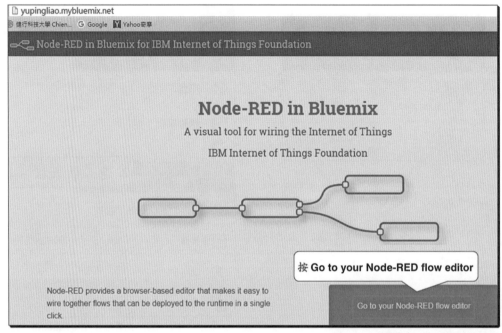

此圖截自 **IBM Bluemix** 網站

圖 15-7　進入 Node-RED 流程編輯器

2. 新增頁面

在 Node-RED 編輯畫面右方有可新增編輯頁面的，按「+」新增出 Sheet2 頁面，如圖 15-8 所示。

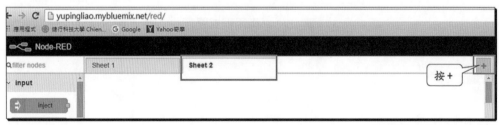

此圖截自 **IBM Bluemix** 網站

圖 15-8　新增頁面 Sheet2

3. 加入 ibmiot 節點與設定

將左邊 input 下的 ibmiot 拖曳至 Sheet2 編輯區，在節點上點兩下編輯，先在 Authentication 欄位選出 Bluemix Service，再至 Device Id 欄位填入 123456789038，如圖 15-9 所示，設定好按 Ok。

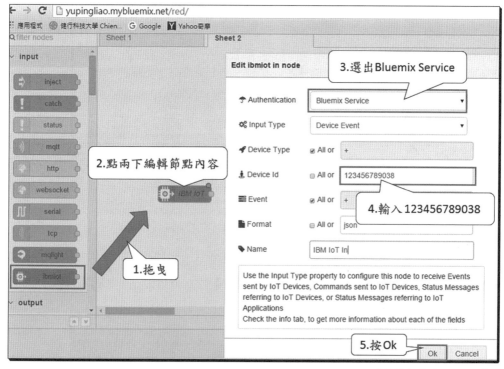

此圖截自 **IBM Bluemix** 網站

圖 15-9　加入 ibmiot 節點與設定

4. 加入 function 節點與設定

將左邊 function 下的 function 拖曳至 Sheet2 編輯區，在節點上點兩下編輯內容，在 function 下輸入「return {payload:msg.payload.d.temp};」，再至 Name 欄位填入 temp，如圖 15-10 所示，設定好按「Ok」。

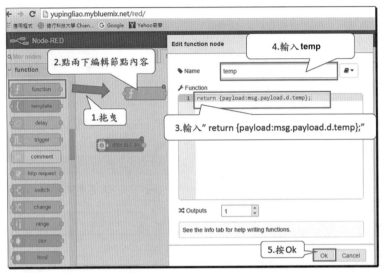

此圖截自 **IBM Bluemix** 網站

圖 15-10　加入 function 節點與設定

5. 加入 switch 節點與設定

將左邊 function 下的 switch 拖曳至 Sheet2 編輯區，在節點上點兩下編輯內容，按照圖 15-11 之設定順序，設定好溫度小於 40 度與溫度大於 40 度的路徑，設定好按 Ok。

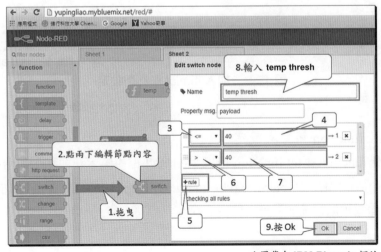

此圖截自 **IBM Bluemix** 網站

圖 15-11　加入 switch 節點與設定

6. 加入 function 節點與設定過熱條件處理

將左邊 function 下的 function 拖曳至 Sheet2 編輯區,在節點上點兩下編輯內容,在 function 下輸入「msg.payload = JSON.stringify({ type: "hot"}) ;return msg;」,再至 Name 欄位填入 warning,如圖 15-12 所示,設定好按 Ok。

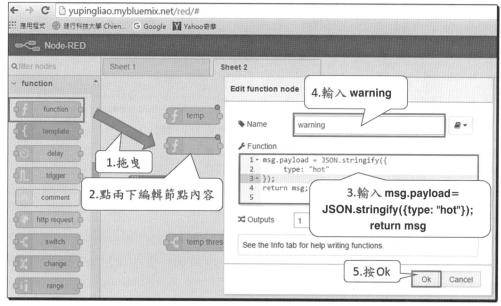

此圖截自 **IBM Bluemix** 網站

圖 15-12 加入 function 節點與設定

7. 加入 function 節點與設定正常條件處理

將左邊 function 下的 function 拖曳至 Sheet2 編輯區,在節點上點兩下編輯內容,在 function 下輸入「msg.payload = JSON.stringify({ type: "normal"}) ;return msg;」,再至 Name 欄位填入 normal,如圖 15-13 所示,設定好按 Ok。

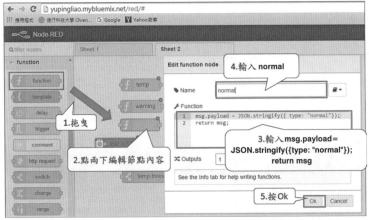

此圖截自 **IBM Bluemix** 網站

圖 15-13 加入 function 節點與設定

8. 加入 ibmiot 節點與設定

將左邊 output 下的 ibmiot 拖曳至 Sheet2 編輯區，在節點上點兩下編輯，先在 Authentication 欄位選出 Bluemix Service，再至 Output Type 欄位選出 Device Command，至 Device Type 欄位填入 Arm，於 Device Id 欄位填入 123456789ARM，設定如圖 15-14 所示，設定好按 Ok。

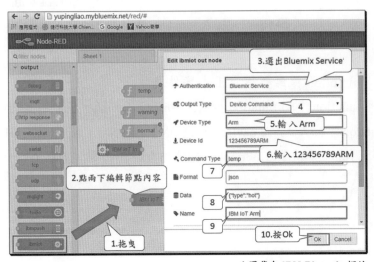

此圖截自 **IBM Bluemix** 網站

圖 15-14 加入 ibmiot 節點與設定

9. 加入 ibmiot 節點與設定

將左邊 output 下的 ibmiot 拖曳至 Sheet2 編輯區，在節點上點兩下編輯，先在 Authentication 欄位選出 Bluemix Service，再至 Output Type 欄位選出 Device Command，至 Device Type 欄位填入 Car，於 Device Id 欄位填入 123456789BMW，設定如圖 15-15 所示，設定好按 Ok。

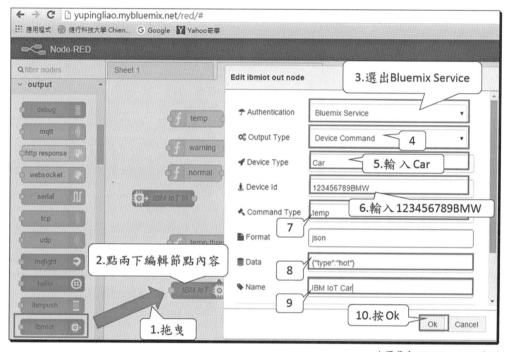

此圖截自 **IBM Bluemix** 網站

圖 15-15　加入 ibmiot 節點與設定

10. 編輯 Node-RED 流程

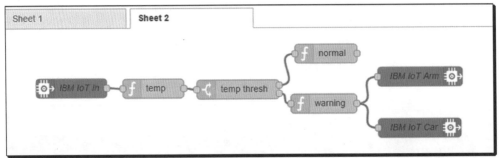

此圖截自 **IBM Bluemix** 網站

圖 15-16　編輯 Node-RED 流程

11. 加入三個 debug 節點

加入左邊 output 下的 debug 拖曳至 Sheet2 編輯區，在節點上點兩下編輯，更改 Name 欄位內容為 hot message，再加入另一個 debug 節點，Name 欄位內容為 normal message。將各節點排列並連線如圖 15-17 所示。

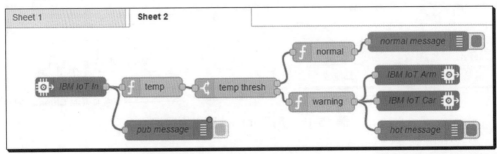

此圖截自 **IBM Bluemix** 網站

圖 15-17　加入 debug 節點兩個

12. 進行部署

接著進行部署，按一下 Node-RED 工作區右上角的 Deploy 按鈕 ，即可部署修改過的流程。

13. 用 MQTT 技術發布溫度資料

將表 15-3 之 Arduino 程式先在 Arduino IDE 編輯後，注意此裝置在雲端平台的認證資料如表 15-4 所示，需在程式中寫入，編輯完成後選取工具為 Arduino Uno，再進行驗證，驗證無誤後，須先把 Arduino Uno 上 Pin0（RX）與 Pin1（TX）接線移開，上傳至 Arduino Uno 開發板，如圖 15-18 所示。

表 15-4　溫度計裝置在雲端平台之認證資料

組織 ID	9msged
裝置類型	Arduino
裝置 ID	123456789038
鑑別方法	Token
鑑別記號	!bMKWWEpGzyL(HBEB7

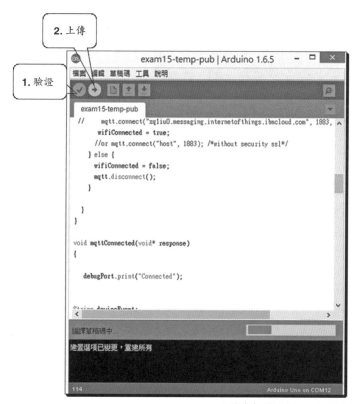

此圖截自 **IBM Bluemix** 網站

圖 15-18　上傳至 Arduino Uno 開發板

上傳至 Arduino Uno 開發板完成後，再將 Arduino UNO 上 Pin0（RX）與 Pin1（TX）接線接回，如圖 15-19 所示。

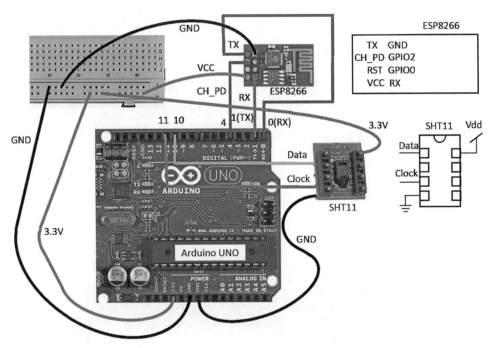

圖 15-19　將 Arduino UNO 上 Pin0（RX）與 Pin1（TX）接線接回

14. 觀看 Node-RED 訊息視窗

到 Node-RED 處觀察 debug 區，會看到有溫度計裝置一直發布的溫度訊息（pub message），與判斷是 normal 的結果（normal message），如圖 15-20 所示。

此圖截自 **IBM Bluemix** 網站

圖 15-20　觀察 debug 區

七、實驗結果

　　本堂課已建立了物聯網專題之 Node-RED 雲端應用程式，並以溫度計裝置發布訊息，在溫度 40 度以下之情況，出現訊息如圖 15-21 所示。

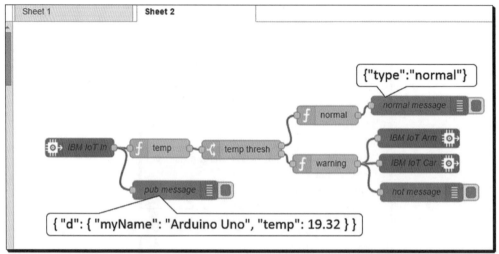

此圖截自 **IBM Bluemix** 網站

圖 15-21　物聯網專題之 Node-RED 雲端應用程式實驗結果

補 充 站

SHT11 溫濕度感測器可以運用在防潮箱、冷氣機、除濕機、農業溫室等，具有以下特點：

1. 可量測溫度語溼度。

2. 非常靈敏。

3. 以一個精簡小型的實裝基板，包含了 A/D 的介面（溫度 14 位元，溼度 12 位元），只需兩支 I/O 腳。

4. 解析度可到攝氏 0.01 度和溼度 0.03％；相對溼度的相似度誤差約在 ＋ / － 3.5％。

第 16 堂課

物聯網專題實作——自走車訂閱資訊

一、實驗目的

二、實驗設備

三、實驗配置

四、重點語法

五、Arduino程式

六、實驗步驟

七、實驗結果

一、實驗目的

　　示範如何運用 MQTT（Message Queuing Telemetry Transport）技術，讓物與物之間訊息相通，本專題範例是使用一組溫度計裝置（發布溫度資料至 MQTT Broker）、一組機器手臂、一部自走車裝置（從 MQTT Broker 訂閱資料），與雲端應用程式（Node-RED）。溫度裝置發布溫度，雲端應用程式會判斷溫度是否過高，若溫度過高則會發布警告資訊，當訂閱資訊者收到訂閱資訊為警告訊息時，機器手臂會降低工作速度，自走車會出發救援，物聯網專題實作實驗架構如圖 16-1 所示。本堂課實作自走車訂閱資訊，訂閱 Topic 為 iot-2/cmd/+/fmt/json 之資訊，收到訂閱資訊為警告訊息時，自走車會出發救援，並發布資料回至雲端。本實驗之溫度計裝置採用溫濕度模擬網頁發布溫度值，可任意調整發布之溫度值以容易進行系統測試。

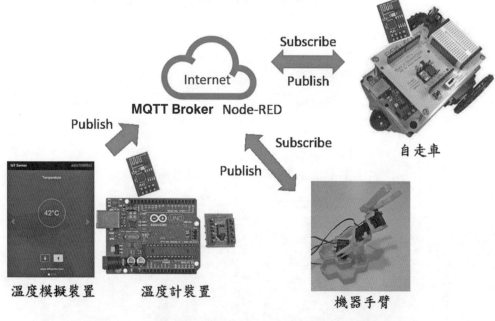

圖 16-1　物聯網專題實作──自走車訂閱資訊實驗架構

二、實驗設備

　　物聯網專題實作——自走車訂閱資訊實驗設備需要一台電腦、一組自走車裝置（Arduino BB car + ESP8266 UART 轉 WiFi 模組），如圖 16-2 所示。

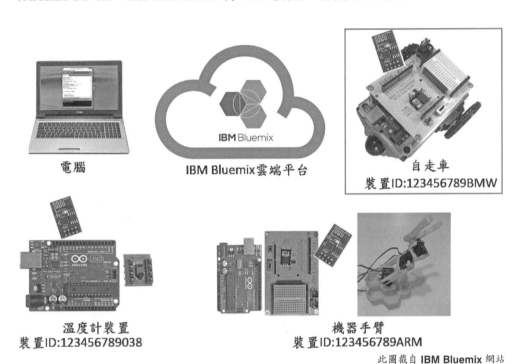

電腦

IBM Bluemix雲端平台

自走車
裝置ID:123456789BMW

溫度計裝置
裝置ID:123456789038

機器手臂
裝置ID:123456789ARM

此圖截自 **IBM Bluemix** 網站

圖 16-2　物聯網專題實作——自走車訂閱資訊實驗設備

三、實驗配置

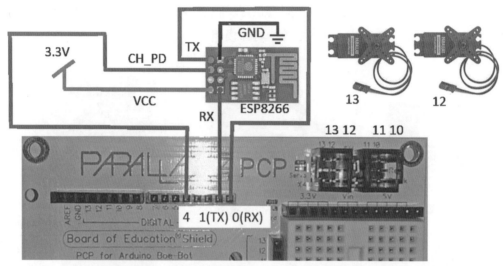

圖 16-3　Arduino 自走車接 ESP8266 模組之接線圖

表 16-1　Arduino 自走車接 ESP8266 模組接線說明

連線	
Board of Education Shield 3.3 V	ESP8266 VCC
Board of Education Shield GND	ESP8266 GND
Board of Education Shield 0(RX)	ESP8266 TX
Board of Education Shield 1(TX)	ESP8266 RX
Board of Education Shield Digital 4	ESP8266 CH_PD
Board of Education Shield 馬達接頭 13	自走車左馬達
Board of Education Shield 馬達接頭 12	自走車右馬達

自走車訂閱資訊雲端應用程式 Node-RED 流程圖，如圖 16-4 所示。

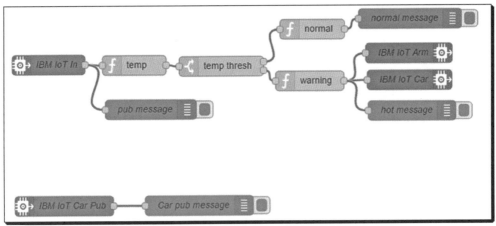

此圖截自 **IBM Bluemix** 網站

圖 16-4　物聯網專題實作——自走車訂閱資訊雲端應用程式 Node-RED 流程圖

表 16-2　Node-RED 流程圖中各節點的功能說明

節點名稱	節點內容	說明
IBM IoT Car Pub (input -> ibmiot)	"Authentication":"Bluemix service", "Input Type":"Device Event", "Device type":"Car", "Device Id":"123456789BMW", "Name":"IBM IoT Car Pub"	鑑別類型為「Bluemix service」，輸入形式為「Device Event」，裝置類型為「Car」，裝置 Id 為「123456789BMW」，節點名稱為「IBM IoT Car Pub」。
Car pub message (output-> debug)	"Output":"message property" msg.payload "to":"debug tab" "Name":"Car pub message"	輸出為「msg.payload」內容至「debug」視窗，節點名稱為「Car pub message」。
IBM IoT In (input -> ibmiot)	"Authentication":"Bluemix service", "Input Type":"Device Event", "Device type":"Arduino", "Device Id":"123456789038", "Name": "IBM IoT In"	鑑別類型為「Bluemix service」，輸入形式為「Device Event」，裝置類型為「Arduino」，裝置 Id 為「123456789038」，節點名稱為「IBM IoT In」。
IBM IoT Arm (output->ibmiot)	'Authentication':'Bluemix Service", 'Output Type':"Device Command",' Device Type':"Arm",' 'Device Id':"123456789ARM",	鑑別類型為「Bluemix Service」，輸出類型為「Device Command」，裝置類型為「Arm」，裝置 Id 為「123456789ARM」，節點名稱為「IBM IoT Arm」。

節點名稱	節點內容	說明
IBM IoT Car (output->ibmiot)	'Authentication':"Bluemix Service",' Output Type':"Device Command",' Device Type':"Car",''Device Id': "123456789BMW",	鑑別類型為為「Bluemix Service」，輸出類型為「Device Command」，裝置類型為「Car」，裝置 Id 為「123456789BMW」，節點名稱為「IBM IoT Car」。
pub message (output-> debug)	"Output":"message property" msg.payload "to":"debug tab" "Name":"pub message"	輸出為「msg.payload」內容至「debug」視窗，節點名稱為「pub message」。
temp (function->function)	"Name":"temp" "Function":"return {payload:msg. payload.d.temp};" "Outputs":"1"	節點名稱為「tmep」，函數內容為回傳 {payload:msg.payload.d.temp}，輸出節點為1個。
temp thresh (function->switch)	"Name":"temp thresh" "Property":"msg.payload" <=40 -> 1 >40 -> 2 "rule":"check all rules"	節點名稱為「temp thresh」，判斷 msg.payload 的值，當其值小於等於 40 時，送出 payload 的值至通道 1 輸出；若其值大於 40 時，送出 payload 的值至通道 2 輸出。
normal (function->function)	msg.payload = JSON.stringify({ type: "normal"});return msg;	節點名稱為「normal」，payload 的內容為「msg.payload = JSON.stringify({ type: "normal"});return msg;」。
normal message (output->debug)	"Output":"message property" msg.payload "to":"debug tab" "Name":"normal message"	輸出為「msg.payload」內容至「debug」視窗，節點名稱為「normal message」。
warning (function->function)	msg.payload = JSON.stringify({ type: "hot"});return msg;	節點名稱為「warning」，payload 的內容為「msg.payload = JSON.stringify({ type: "hot"});return msg;」。
hot message (output->debug)	"Output":"message property" msg.payload "to":"debug tab" "Name":"hot message"	輸出為「msg.payload」內容至「debug」視窗，節點名稱為「hot message」。

四、重點語法

表 16-3　物聯網專題實作──自走車訂閱資訊之 Arduino 重點語法整理如下

語法	說明
#include <SoftwareSerial.h> #include <espduino.h> #include <mqtt.h> #include <Servo.h>	Library 宣告。
SoftwareSerial debugPort(2, 3);	創造序列埠，腳位 2 為 RX，腳位 3 做為 TX。
ESP esp(&Serial, &debugPort, 4);	創造 ESP 物件。
MQTT mqtt(&esp);	創造 MQTT 物件。
servoLeft.attach(13);	左馬達訊號腳接 13 腳。
servoRight.attach(12);	右馬達訊號腳接 12 腳。
servoLeft.writeMicroseconds(1500);	對左馬達輸出脈衝寬度為 1.5ms 訊號。
servoRight.writeMicroseconds(1700);	對右馬達輸出脈衝寬度為 1.7ms 訊號。
servoRight.writeMicroseconds(1300);	對右馬達輸出脈衝寬度為 1.3ms 訊號。
servoLeft.writeMicroseconds(1500); servoRight.writeMicroseconds(1500);	自走車停止。
servoLeft.writeMicroseconds(1700); servoRight.writeMicroseconds(1300);	自走車前進。
mqtt.begin("d:9msged:Car: "123456789BMW", "use-token-auth", "@pZN(+PjIh5MlE+n8h", 120, 1)	設定 MQTT Client 端。要連上 IBM IoT 平台的 9msged MQTT Broker，規定 ClientID 格式為「d: 9msged:Car: 123456789BMW」。 Username 是「use-token-auth」，密碼是「@pZN(+PjIh5MlE+n8h」。
mqtt.subscribe("iot-2/cmd/+/fmt/json");　/*with qos = 0*/	訂閱資訊 TOPIC 為「iot-2/cmd/+/fmt/json」，預設 qos=0 代表不驗證，資料有可能會丟失。

String deviceEvent;
 	
deviceEvent = String("{\"d\":{\"myName\":\"BM W Car\"}}");
mqtt.publish("iot-2/evt/Car/fmt/json", (char*) deviceEvent.c_str());
	發布資訊 TOPIC 為「iot-2/evt/Car/fmt/json」，資料內容為「{"d": {"myName": "BMW Car"} }」。

語法	說明
mqtt.dataCb.attach(&mqttData);	設定 MQTT client 端收到訂閱資料時執行 mqttData 函數。

void mqttData(void* response)
{
  RESPONSE res(response);
  String topic = res.popString();
  String data = res.popString();
 	
if (data.indexOf("hot")!=-1)
  {
servoLeft.writeMicroseconds(1700);
servoRight.writeMicroseconds(1300);
 	
String deviceEvent;
 	
deviceEvent = String("{\"d\":{\"myName\":\"BM W Car\"}}");
mqtt.publish("iot-2/evt/Car/fmt/json", (char*) deviceEvent.c_str())
 	
  }
}
	mqttData 函數內容為收到訂閱資料時，將 Topic 內容存入 Topic 字串，將資料內容存入 data 字串。若 data 內容有「hot」，則自走車會前進。
	再發布資訊 TOPIC 為「iot-2/evt/Car/fmt/json」，資料內容為「{"d": {"myName": "BMW Car"} }」。

五、Arduino 程式

物聯網專題實作——自走車訂閱資訊之 Arduino 程式與說明如表 16-4 所示。本程式控制自走車初始狀態為停止。收到訂閱資訊為有 hot 的字串時，會發動自走車前進，並且發布 {"d":{myName":"BMW Car"}} 的訊息至 MQTT Borker。

表 16-4　物聯網專題實作——自走車訂閱資訊之 Arduino 程式與說明

```
#include <SoftwareSerial.h>
#include <espduino.h> ── Library 宣告
#include <mqtt.h>
#include <Servo.h>
```

```
#define WiFiSSID              "LRC_2F"          無線網路名稱
#define WiFiPASSWORD          "1234567890"
//#define WiFiSSID            "D215_3"          無線網路密碼
//w#defineWiFiPASSWORD        "034598418"
//////////

                              宣告左伺服機物件
Servo servoLeft;
                              宣告右伺服機物件
Servo servoRight;
                              使用 2 與 3 腳做為序列傳輸埠
SoftwareSerialdebugPort(2, 3); // RX, TX

ESP esp(&Serial, &debugPort, 4);    宣告 ESP 物件，使用板子預設的序列埠腳

MQTT mqtt(&esp);       宣告 MQTT 物件

booleanwifiConnected = false;    宣告變數


void wifiCb(void* response)      宣告 RESPONSE 物件
{
    uint32_t status;
    RESPONSE res(response);

    if(res.getArgc() == 1) {
res.popArgs((uint8_t*)&status, 4);
        if(status == STATION_GOT_IP) {
debugPort.println("WIFI CONNECTED");

                              連接 MQTT Broker
mqtt.connect("9msged.messaging.internetofthings.ibmcloud.com", 1883, false);
wifiConnected = true;

        } else {
wifiConnected = false;
mqtt.disconnect();
        }
```

```
  }
}

void mqttConnected(void* response)
{
debugPort.print("Connected");
```

跟 mqtt Broker 訂閱 TOPIC 為 "iot-2/cmd/+/fmt/json" 的資訊

```
mqtt.subscribe("iot-2/cmd/+/fmt/json");
//  mqtt.subscribe("/topic/1");
 // mqtt.subscribe("/topic/2");


}
void mqttDisconnected(void* response)
{
debugPort.println("mqttDisconnected");
}
void mqttData(void* response)
{
   RESPONSE res(response);
```

宣告 RESPONSE 物件

```
debugPort.print("Received: topic=\n");

   String topic = res.popString();
```

取出 TOPIC 資訊存入 topic 字串

```
debugPort.println(topic);

debugPort.print("data=");
```

取出 payload 資訊存入 data 字串

```
   String data = res.popString();


debugPort.println(data);
```

若 data 字串中有 "hot"

```
if (   data.indexOf("hot")!=-1)
   {
servoLeft.writeMicroseconds(1700);
servoRight.writeMicroseconds(1300);
   }
```

自走車前進

```
String deviceEvent;
```

字串 {{"d":{"myName":"BMW Car"}}

```
deviceEvent = String("{\"d\":{\"myName\":\"BMW Car\"}}");
```

發布資料 TOPIC 為 "iot-2/evt/Car/fmt/json"，資料為 deviceEvent 內容

```
mqtt.publish("iot-2/evt/Car/fmt/json", (char*) deviceEvent.c_str());

}
void mqttPublished(void* response)
{

}

void setup() {
```

左伺服機訊號腳接 10

```
servoLeft.attach(10);
```

右伺服機訊號腳接 11

```
servoRight.attach(11);
```

左伺服機停止

```
servoLeft.writeMicroseconds(1500);
```

右伺服機停止

```
servoRight.writeMicroseconds(1500);
```

開啓序列埠，包率為 19200

```
Serial.begin(19200);

debugPort.begin(19200);
```

呼叫 esp.enable 函數

```
esp.enable();
  delay(500);
esp.reset();
```

呼叫 esp.reset 函數

```
  delay(500);
  while(!esp.ready());
```

等待 esp8266 準備好

```
debugPort.println("ARDUINO: setup mqtt client");
```

317

檢查 MQTT 設定

```
if(!mqtt.begin("d:9msged:Car:123456789BMW", "use-token-auth", "@pZN(+Pjlh5MlE+n8h", 120, 1))
{
debugPort.println("ARDUINO: fail to setup mqtt");
    while(1);
  }
debugPort.println("ARDUINO: setup mqttlwt");

/*setup mqtt events */
```

設定 MQTT 事件

設定 MQTT 連接成功時執行 mqttConnected 函數

```
mqtt.connectedCb.attach(&mqttConnected);
```

設定 MQTT 連接不成功時執行 mqttDisconnected 函數

```
mqtt.disconnectedCb.attach(&mqttDisconnected);
```

設定 MQTT 發布資訊時執行 mqttPublished 函數

```
mqtt.publishedCb.attach(&mqttPublished);
```

設定 MQTT 收到訂閱資訊時執行 mqttData 函數

```
mqtt.dataCb.attach(&mqttData);

  /*setup wifi*/
debugPort.println("ARDUINO: setup wifi");
```

設定收到 WiFi 的回應時執行 wifiCb 函數

```
esp.wifiCb.attach(&wifiCb);
```

連接 WiFi

```
esp.wifiConnect(WiFiSSID, WiFiPASSWORD);

debugPort.println("ARDUINO: system started");
}

void loop() {
esp.process();
  if(wifiConnected) {

  }
}
```

六、實驗步驟

開啓 Node-RED 流程編輯器→開啓溫度濕度計模擬器→修改 IBM IoT In 設定→加入 ibmiot 節點與設定→加入 debug 節點→進行部署→自走車裝置設置→觀看 Node-RED 訊息視窗→調整溫度模擬器溫度值→觀看 Node-RED 訊息視窗。

1. 開啓 Node-RED 流程編輯器

從 IBM Bluemix 網頁「https://console.ng.bluemix.net/」登入 IBM Bluemix，從 IBM Bluemix 儀表板可以看到已建立的應用程式，點進去應用程式可以看到應用程式的路徑，點路徑開啓網頁，再點選 Go to your Node-RED flow editor，開啓 Node-RED 流程編輯環境，切至 Sheet2，延續第十五堂課的專題，如圖 16-5 所示。

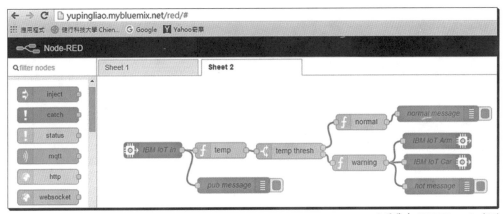

此圖截自 **IBM Bluemix** 網站

圖 16-5　進入 Node-RED 流程編輯器

2. 開啓溫度濕度計模擬器

在瀏覽器中輸入此 URL：「http://quickstart.internetofthings.ibmcloud.com/iotsensor」，出現溫度濕度模擬器畫面，如圖 16-6 所示，複製溫度濕度模擬器畫面右上角文字 eb29afe124f1。

此圖截自 **IBM Bluemix** 網站

圖 16-6　開啓溫度濕度計模擬器

3. 修改 IBM IoT In 設定

在 IBM IoT In 節點上點兩下編輯，修改如圖 16-7 所示，設定好按「Ok」。

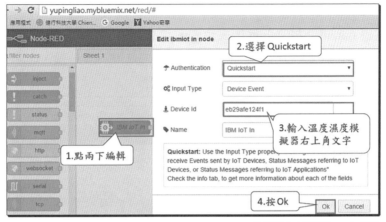

此圖截自 **IBM Bluemix** 網站

圖 16-7　修改 IBM IoT In 節點與設定

4. 加入 ibmiot 節點與設定

將左邊 input 下的 ibmiot 拖曳至 Sheet2 編輯區，再節點上點兩下編輯，先 Authentication 欄位選出 Bluemix Service，再至 Device Type 欄位填入 Car，如圖 16-8 所示，設定好按 Ok。

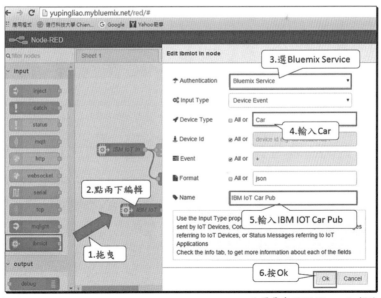

此圖截自 **IBM Bluemix** 網站

圖 16-8　加入 ibmiot 節點與設定

321

5. 加入 debug 節點

加入左邊 output 下的 debug 拖曳至 Sheet2 編輯區，在節點上點兩下編輯，更改 Name 欄位內容為 Car pub message。將新加入的節點排列並連線，如圖 16-9 所示。

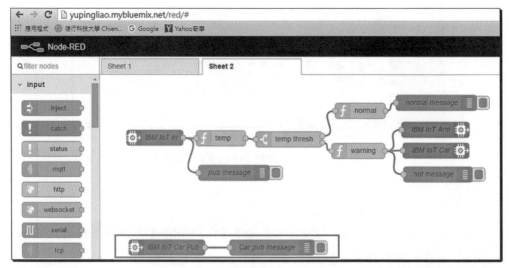

此圖截自 **IBM Bluemix** 網站

圖 16-9　加入 debug 節點兩個

6. 進行部署

按一下 Node-RED 工作區右上角的 Deploy 按鈕 ，即可部署修改過的流程。

7. 自走車裝置設置

將表 16-4 的 Arduino 程式先在 Arduino IDE 進行編輯（注意此裝置在雲端平台的認證資料如表 16-5 所示，需在程式中寫入），編輯完成後選取工具為 Arduino Uno，進行驗證無誤後，須先把 Arduino Uno 上 Pin0（RX）與 Pin1（TX）接線移開，上傳至 Arduino Uno 開發板，如圖 16-5 所示。

表 16-5　裝置 123456789BMW 認證資料

組織 ID	9msged
裝置類型	Car
裝置 ID	123456789BMW
鑑別方法	Token
鑑別記號	@pZN（+Pjlh5MlE+n8h

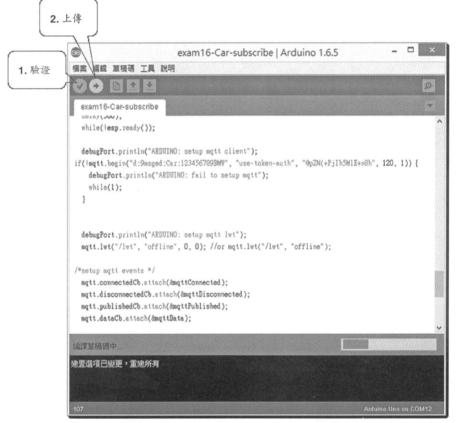

此圖截自 **IBM Bluemix** 網站

圖 16-10　上傳至 Arduino Uno 開發板

　　上傳至 Arduino Uno 開發板完成後，再將 Arduino UNO 上 Pin0（RX）與 Pin1（TX）接線接回，如圖 16-11 所示。

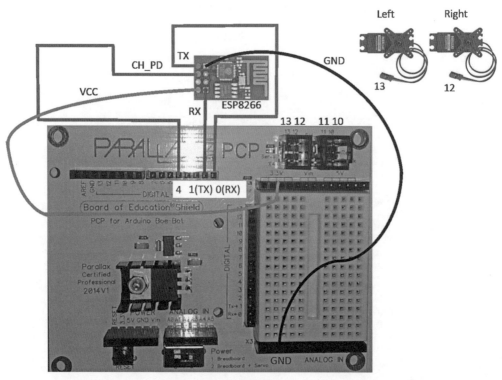

圖 16-11　將 Arduino UNO 上 Pin0（RX）與 Pin1（TX）接線接回

8. 觀看 Node-RED 訊息視窗

到 Node-RED 處觀察 debug 區，會看到有溫度濕度模擬裝置一直發布的溫度與濕度訊息（pub message），在溫度 40 度以下之情況判斷是 normal 的結果（normal message），如圖 16-12 所示。

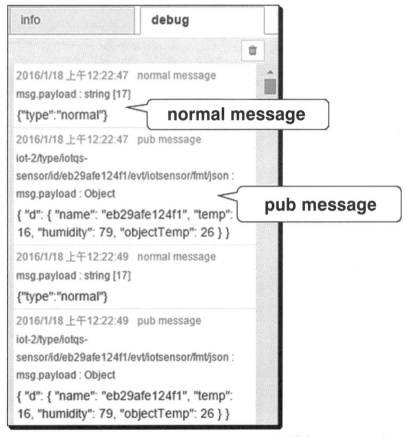

此圖截自 **IBM Bluemix** 網站

圖 16-12　觀察溫度在 40 度以下之 debug 區訊息

9. 調整溫度模擬器溫度值

將溫度模擬器畫面中「往上」的箭頭，調整其溫度值超過 40 度，如圖 16-13 所示。

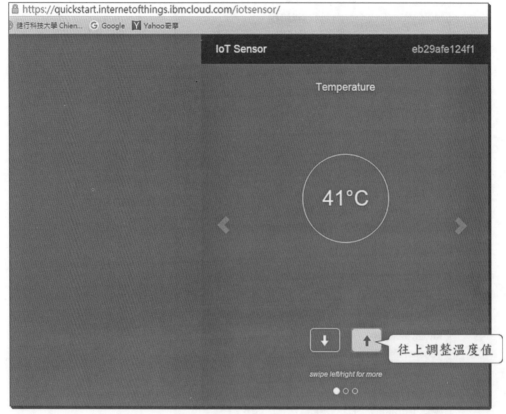

此圖截自 **IBM Bluemix** 網站

圖 16-13　模擬器溫度往上調整至 41 度

10. 觀看 Node-RED 訊息視窗

到 Node-RED 處觀察 debug 區，會看到有溫度濕度模擬裝置一直發布的溫度與濕度訊息（pub message），在溫度 40 度以上之情況判斷是 hot 的結果（hot message），會發布訊息給訂閱者，自走車收到訂閱的資料，會啟動自走車並發布資料，從 debug 視窗可以看到訊息狀況，如圖 16-14 所示。

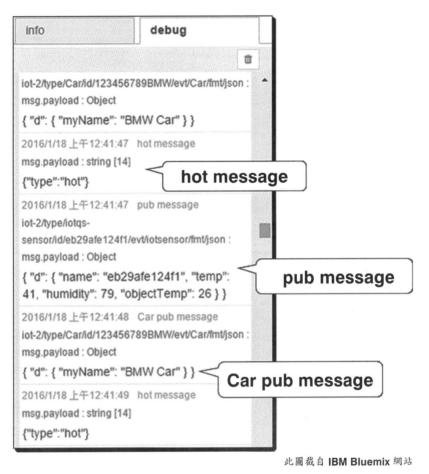

此圖截自 **IBM Bluemix** 網站

圖 16-14　觀察溫度在 40 度以上之 debug 區訊息

七、實驗結果

　　本堂課完成了物聯網專題──自走車訂閱資訊之實驗，當溫度計裝置溫度在 40 度以下，自走車停止；當溫度在 40 度以上，雲端應用程式會發布訊息，自走車收到訂閱的資料後，開始前進並發布資料，雲端訊息如圖 16-15 所示。

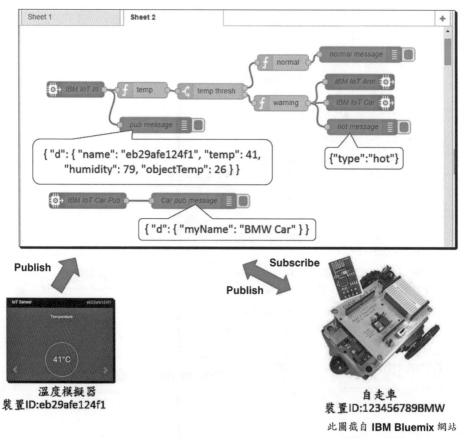

{ "d": { "name": "eb29afe124f1", "temp": 41,
"humidity": 79, "objectTemp": 26 } }

{"type":"hot"}

{ "d": { "myName": "BMW Car" } }

Publish

Subscribe

Publish

41°C

溫度模擬器
裝置ID:eb29afe124f1

自走車
裝置ID:123456789BMW

此圖截自 **IBM Bluemix** 網站

圖 16-15 物聯網專題──自走車訂閱資訊實驗結果

補充站

自從 Google 自動駕駛車輛的實際路試後，不少車廠，也相繼加碼投入自動駕駛技術研發。自動車是靠雷達、攝影機、雷射光「光達」（Lidar）等感應器隨時掌握路況資料，才能進行自動駕駛。一旦這些感應器被冰雪、塵土、落葉或者其他污染物堵塞遮蓋，會無法正確行車。運用大數據，可以改善我們的生活。目前德國車廠 BMW 與 Inrix 合作，進行 On-street Parking 的停車位預測技術計畫。由於越來越多汽車擁有網絡功能，可藉由收集車聯網間傳輸的資料、交通單位發布的消息、停車位所在、收費訊息等各類資訊，On-street Parking 會分析行車區域附近的停車資訊，挑出適宜的停車地點，顯示在中控台螢幕的導航地圖上，供車主參考。

CHARPTER ▶▶ ▶

第
17
堂
課

物聯網專題實作——機器手臂訂閱資訊

一、實驗目的

二、實驗設備

三、實驗配置

四、重點語法

五、Arduino程式

六、實驗步驟

七、實驗結果

一、實驗目的

　　示範如何運用 MQTT（Message Queuing Telemetry Transport）技術，讓物與物之間訊息相通，本專題範例使用一組溫度計裝置（發布溫度資料至 MQTT Broker）、一組機器手臂、一部自走車裝置（從 MQTT Broker 訂閱資料），與雲端應用程式（Node-RED）。溫度裝置發布溫度，雲端應用程式會判斷溫度是否過高，若溫度過高則發布警告資訊，訂閱資訊者收到訂閱資訊為警告訊息時，機器手臂會降低工作速度。物聯網專題實作實驗架構如圖 17-1。本堂課實作機器手臂訂閱資訊，訂閱 Topic 為 iot-2/cmd/+/fmt/json 之資訊，收到訂閱資訊為警告訊息時，機器手臂會降低工作速度，並發布資料回至雲端。本實驗之溫度計裝置採用溫濕度模擬網頁發布溫度值，可任意調整發布之溫度值以容易進行系統測試。

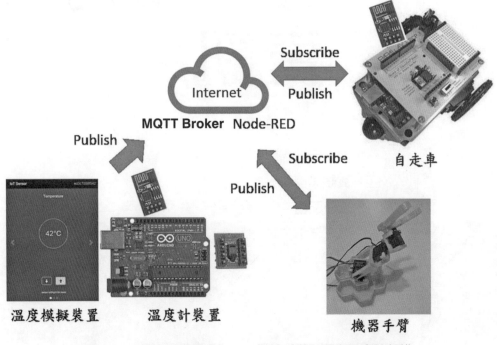

圖 17-1　物聯網專題實作——機器手臂訂閱資訊實驗架構

二、實驗設備

物聯網專題實作實驗設備需要一台電腦、一組溫度計裝置（Arduino Uno 板 +ESP8266 UART 轉 WiFi 模組 +SHT11 溫濕度計一個）、一組自走車裝置（Arduino BB car + ESP8266 UART 轉 WiFi 模組），與一組機器手臂裝置（Arduino Uno 板一個、ESP8266 UART 轉 WiFi 模組、Arduino 擴充板一個，5V 3A 變壓器一個、四個伺服機 MG90S），如圖 17-2 所示。

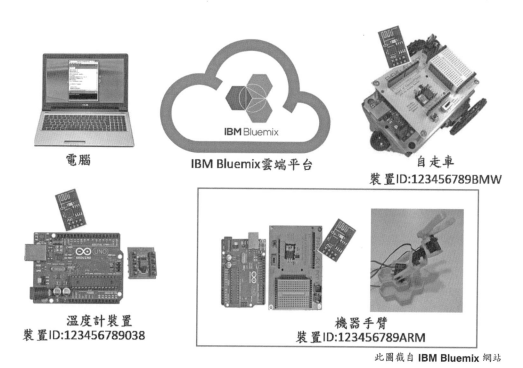

電腦　　　　IBM Bluemix雲端平台　　　　自走車
　　　　　　　　　　　　　　　　　　　　裝置ID:123456789BMW

溫度計裝置
裝置ID:123456789038

機器手臂
裝置ID:123456789ARM

此圖截自 **IBM Bluemix** 網站

圖 17-2　物聯網專題實作——機器手臂訂閱資訊實驗設備

三、實驗配置

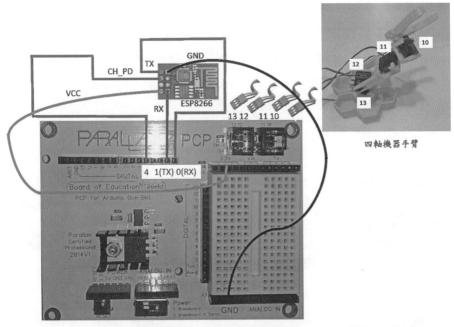

圖 17-3　物聯網專題實作──機器手臂接 ESP8266 模組之接線圖

表 17-1　物聯網專題實作──機器手臂接 ESP8266 模組接線說明

連線	
Board of Education Shield 3.3 V	ESP8266 VCC
Board of Education Shield GND	ESP8266 GND
Board of Education Shield 0(RX)	ESP8266 TX
Board of Education Shield 1(TX)	ESP8266 RX
Board of Education Shield Digital 4	ESP8266 CH_PD
Board of Education Shield 馬達接頭 13	機器手臂馬達
Board of Education Shield 馬達接頭 12	機器手臂馬達
Board of Education Shield 馬達接頭 11	機器手臂馬達
Board of Education Shield 馬達接頭 10	機器手臂馬達

物聯網專題實作──機器手臂訂閱資訊雲端應用程式 Node-RED 流程圖如圖 17-4 所示。

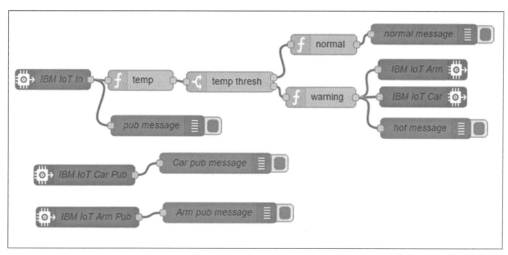

此圖截自 IBM Bluemix 網站

圖 17-4　物聯網專題實作──機器手臂訂閱資訊雲端應用程式 Node-RED 流程圖

表 17-2　物聯網專題實作──機器手臂訂閱資訊 Node-RED 流程圖中各節點的功能說明

節點名稱	節點內容	說明
IBM IoT Car Pub (input -> ibmiot)	"Authentication":"Bluemix service", "Input Type":"Device Event", "Device type":"Car", "Device Id":"123456789BMW", "Name":"IBM IoT Car Pub"	鑑別類型為「Bluemix service」，輸入形式為「Device Event」，裝置類型為「Car」，裝置 Id 為「123456789BMW」，節點名稱為「IBM IoT Car Pub」。
Car pub message (output-> debug)	"Output":"message property" msg.payload "to":"debug tab" "Name":"Car pub message"	輸出為「msg.payload」內容至「debug」視窗，節點名稱為「Car pub message」。

節點名稱	節點內容	說明
IBM IoT In (input -> ibmiot)	"Authentication":"Bluemix service", "Input Type":"Device Event", "Device type":"Arduino", "Device Id":"123456789038", "Name":"IBM IoT In"	鑑別類型為「Bluemix service」，輸入形式為「Device Event」，裝置類型為「Arduino」，裝置 Id 為「123456789038」，節點名稱為「IBM IoT In」。
IBM IoT Arm (output->ibmiot)	'Authentication':"Bluemix Service",'Output Type':"Device Command",'Device Type':"Arm","Device Id':"123456789ARM",	鑑別類型為「Bluemix Service」，輸出類型為「Device Command」，裝置類型為「Arm」，裝置 Id 為「123456789ARM」，節點名稱為「IBM IoT Arm」。
IBM IoT Car (output->ibmiot)	'Authentication':"Bluemix Service",'Output Type':"Device Command",'Device Type':"Car","Device Id':"123456789BMW",	鑑別類型為「Bluemix Service」，輸出類型為「Device Command」，裝置類型為「Car」，裝置 Id 為「123456789BMW」，節點名稱為「IBM IoT Car」。
pub message (output->debug)	"Output":"message property" msg.payload "to":"debug tab" "Name":"pub message"	輸出為「msg.payload」內容至「debug」視窗，節點名稱為「pub message」。
temp (function->function)	"Name":"temp" "Function":"return {payload:msg.payload.d.temp};" "Outputs":"1"	節點名稱為「temp」，函數內容為回傳「{payload:msg.payload.d.temp}」，輸出節點為 1 個。
temp thresh (function->switch)	"Name":"temp thresh" "Property":"msg.payload" <=40 -> 1 >40 -> 2 "rule":"check all rules"	節點名稱為「temp thresh」，判斷 msg.payload 的值，當其值小於等於 40 時，送出 payload 的值至通道 1 輸出；若其值大於 40 時，送出 payload 的值至通道 2 輸出。
normal (function->function)	msg.payload = JSON.stringify({ type: "normal"});return msg;	節點名稱為「normal」。

節點名稱	節點內容	說明
normal message (output->debug)	"Output":"message property" msg.payload "to":"debug tab" "Name":"normal message"	輸出為「msg.payload」內容至「debug」視窗，節點名稱為「normal message」。
warning (function->function)	msg.payload = JSON.stringify({ type: "hot"});return msg;	節點名稱為「warning」。
hot message (output->debug)	"Output":"message property" msg.payload "to":"debug tab" "Name":"hot message"	輸出為「msg.payload」內容至「debug」視窗，節點名稱為「hot message」。

四、重點語法

表 17-3　物聯網專題實作——機器手臂訂閱資訊之 Arduino 重點語法整理

語法	說明
#include <VarSpeedServo.h> #include <SoftwareSerial.h> #include <espduino.h> #include <mqtt.h>	Library 宣告。
VarSpeedServo myservo1; VarSpeedServo myservo2; VarSpeedServo myservo3; VarSpeedServo myservo4;	創造 VarSpeedServo 物件。
SoftwareSerial debugPort(2, 3);	創造序列埠，腳位 2 為 RX，腳位 3 做為 TX。
ESP esp(&Serial, &debugPort, 4);	創造 ESP 物件。
MQTT mqtt(&esp);	創造 MQTT 物件。
int speedvalue = 120;	宣告速度級數控制變數 speedvalue，初值為 120。

語法	說明
mqtt.begin("d:9msged:Arm: "123456789ARM", "use-token-auth", "QGcTCMPPc)yzO?YnKF", 120, 1)	設定 MQTT Client 端。要連上 IBM IoT 平台的 9msged MQTT Broker，規定 ClientID 格式為「d: 9msged:Arm: 123456789ARM」。Username 是「use-token-auth」，密碼是「QGcTCMPPc)yzO?YnKF」。
mqtt.subscribe("iot-2/cmd/+/fmt/json"); /*with qos = 0*/	訂閱資訊 TOPIC 為「iot-2/cmd/+/fmt/json」，預設 qos=0 代表不驗證，資料有可能會丟失。

String deviceEvent;
 	
deviceEvent = String("{\"d\":{\"myName\":\"Arm\"}}");
mqtt.publish("iot-2/evt/Arm/fmt/json", (char*) deviceEvent.c_str());
	發布資訊 TOPIC 為「iot-2/evt/Arm/fmt/json」，資料內容為「{"d": {"myName": "Arm"} }」。

myservo1.write(pos1,255,true);
myservo2.write(pos2,255,false);
myservo3.write(pos3,255,false);
myservo4.write(pos4,255,false)
	以全速移動到初始位置。

myservo1.write(180,speedvalue,false);
myservo2.write(180,speedvalue,false);
myservo3.write(180,speedvalue,false);
myservo4.write(180,speedvalue,true);
	以 speedvalue 級速移動到 180 度。

myservo1.write(pos1,speedvalue,true);
myservo2.write(pos2,speedvalue,true);
myservo3.write(pos3,speedvalue,true);
myservo4.write(pos4,speedvalue,true);
	以 speedvalue 級速移動到初始位置。

mqtt.dataCb.attach(&mqttData);	設定 MQTT client 端收到訂閱資料時執行 mqttData 函數。
void mqttData(void* response) { 　RESPONSE res(response); 　String topic = res.popString(); 　String data = res.popString();	mqttData 函數內容為收到訂閱資料時，將 topic 內容存入 topic 字串，將資料內容存入 data 字串。若 data 內容有「hot」，則機器手臂動作速度變慢。

語法	說明

```if (data.indexOf("hot")!=-1)```
```{```
 	
```speedvalue= 10; //slowdown```
 	
```String deviceEvent;```
 	
```deviceEvent = String("{\"d\":{\"myName\":\"Arm\"}}");```
```mqtt.publish("iot-2/evt/Arm/fmt/json", (char*) deviceEvent.c_```
```str());```
```   }```
```}```
	再發布資訊 TOPIC 為「iot-2/evt/Arm/fmt/json」，資料內容為「{"d":{"myName":"Arm"}}」。

五、Arduino 程式

　　物聯網專題實作──機器手臂訂閱資訊之 Arduino 程式與說明如表 17-4 所示。本程式控制機器手臂在 90 度與 180 度來回掃動，移動速度可以用 speedvalue 控制，speedvalue 範圍為 0~255。當 speedvalue 等於 255 時，是全速移動。本實作機器手臂在 90 度與 180 度來回掃動，運動級速初始設定為 speedvalue=120。收到訂閱資訊為有 hot 的字串時，會降低工作級速至 speedvalue=10。機器手臂來回掃動速度會明顯降低，並且發布 {"d":{myName":"Arm"}} 的訊息至 MQTT Borker。

表 17-4　物聯網專題實作──機器手臂訂閱資訊之 Arduino 程式與說明

```
#include <VarSpeedServo.h>
#include <SoftwareSerial.h>  ← Library 宣告
#include <espduino.h>
#include <mqtt.h>
#define WiFiSSID          "LRC_2F"
#define WiFiPASSWORD      "1234567890"
//#define WiFiSSID          "D215_3"
//w#defineWiFiPASSWORD   "034598418"
//////////
```

宣告 VarSpeedServo 物件控制四個伺服機

```
VarSpeedServo myservo1;
VarSpeedServo myservo2;
VarSpeedServo myservo3;
VarSpeedServo myservo4;
```

宣告速度級數控制變數 speedvalue，初值為 120

```
intspeedvalue = 120;
```

宣告伺服機初始位置變數，初值為 90

```
int pos1 = 90;
int pos2 = 90;
int pos3 = 90;
int pos4 = 90;


SoftwareSerialdebugPort(2, 3); // RX, TX
ESP esp(&Serial, &debugPort, 4);
MQTT mqtt(&esp);
booleanwifiConnected = false;

void wifiCb(void* response)
{
  uint32_t status;
  RESPONSE res(response);

  if(res.getArgc() == 1) {
res.popArgs((uint8_t*)&status, 4);
    if(status == STATION_GOT_IP) {
debugPort.println("WIFI CONNECTED");
mqtt.connect("9msged.messaging.internetofthings.ibmcloud.com", 1883, false);
wifiConnected = true;
    } else {
wifiConnected = false;
mqtt.disconnect();
    }

  }
}
```

```
void mqttConnected(void* response)
{

debugPort.print("Connected");


mqtt.subscribe("iot-2/cmd/+/fmt/json"); //or mqtt.subscribe("topic"); /*with qos = 0*/
//  mqtt.subscribe("/topic/1");
// mqtt.subscribe("/topic/2");


}
void mqttDisconnected(void* response)
{
debugPort.println("mqttDisconnected");
}

void mqttData(void* response)
{
    RESPONSE res(response);

debugPort.print("Received: topic=\n");
    String topic = res.popString();
debugPort.println(topic);
debugPort.print("data=");
    String data = res.popString();
debugPort.println(data);
if ( data.indexOf("hot")!=-1)
{
speedvalue= 10; //slowdown

}
String deviceEvent;


deviceEvent = String("{\"d\":{\"myName\":\"Arm\"}}");
```

収到訂閱的資料執行的函數

將伺服機速度降低

產生 Json 資料

341

發布資料 TOPIC 為 "iot-2/evt/Arm/fmt/json"，資料為 deviceEvent 內容

```
mqtt.publish("iot-2/evt/Arm/fmt/json", (char*) deviceEvent.c_str());


}
void mqttPublished(void* response)
{

}
void setup() {
```

四個伺服機訊號腳接線設定

```
  myservo1.attach(10);
  myservo2.attach(11);
  myservo3.attach(12);
  myservo4.attach(13);
```

以全速移動到初始位置

```
  myservo1.write(pos1,255,true);
  myservo2.write(pos2,255,false);
  myservo3.write(pos3,255,false);
  myservo4.write(pos4,255,false);

Serial.begin(19200);
debugPort.begin(19200);
```

致能 esp8266，控制 CH_PD 腳為 H

```
esp.enable();
  delay(500);
esp.reset();
  delay(500);
```

等到 esp8266 設置好

```
  while(!esp.ready());

debugPort.println("ARDUINO: setup mqtt client");
```

若連接 MQTT Broker 不成功

```
if(!mqtt.begin("d:9msged:Arm:123456789ARM", "use-token-auth", "QGcTCMPPc)yzO?YnKF", 120, 1))
{
```

```
debugPort.println("ARDUINO: fail to setup mqtt");
    while(1);
  }
debugPort.println("ARDUINO: setup mqttlwt");

/*setup mqtt events */
```

設定 MQTT 事件

設定 MQTT 連接成功時執行 mqttConnected 函數

```
mqtt.connectedCb.attach(&mqttConnected);
```

設定 MQTT 連接不成功時執行 mqttDisconnected 函數

```
mqtt.disconnectedCb.attach(&mqttDisconnected);
```

設定 MQTT 發布資訊時執行 mqttPublished 函數

```
mqtt.publishedCb.attach(&mqttPublished);
```

設定 MQTT 收到訂閱資訊時執行 mqttData 函數

```
mqtt.dataCb.attach(&mqttData);

  /*setup wifi*/
debugPort.println("ARDUINO: setup wifi");
```

設定收到 WiFi 的回應時執行 wifiCb 函數

```
esp.wifiCb.attach(&wifiCb);
```

連接 WiFi

```
esp.wifiConnect(WiFiSSID, WiFiPASSWORD);

debugPort.println("ARDUINO: system started");
}

void loop() {
esp.process();
```

以 speedvalue 級速移動到 180 度

```
  if(wifiConnected) {
myservo1.write(180,speedvalue,false);
  myservo2.write(180,speedvalue,false);
```

```
myservo3.write(180,speedvalue,false);
myservo4.write(180,speedvalue,true);
```

以 speedvalue 級速移動到初始位置

```
myservo1.write(pos1,speedvalue,true);
myservo2.write(pos2,speedvalue,true);
myservo3.write(pos3,speedvalue,true);
myservo4.write(pos4,speedvalue,true);
    }
}
```

六、實驗步驟

開啟 Node-RED 流程編輯器→開啟溫度濕度計模擬器→修改 IBM IoT In 設定
→加入 ibmiot 節點與設定→加入 debug 節點→進行部署→機器手臂裝置設置→觀
看 Node-RED 訊息視窗→調整溫度模擬器溫度值→觀看 Node-RED 訊息視窗。

1. 開啟 Node-RED 流程編輯器

從 IBM Bluemix 網頁：「https://console.ng.bluemix.net/」登入 IBM Bluemix，
從 IBM Bluemix 儀表板可以看到已建立的應用程式，點進去可以看到應用程式的
路徑，點路徑開啟網頁，再點選 Go to your Node-RED flow editor，開啟 Node-RED
流程編輯環境，切至 Sheet2，延續第十五堂課的專題，如圖 17-5 所示。

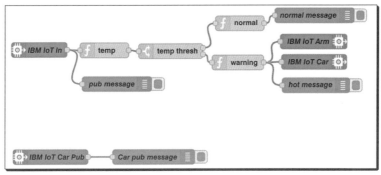

此圖截自 **IBM Bluemix** 網站

圖 17-5　進入 Node-RED 流程編輯器

2. 開啟溫度濕度計模擬器

在瀏覽器中輸入此 URL：「http://quickstart.internetofthings.ibmcloud.com/iot-sensor」，出現溫度濕度模擬器畫面，如圖 17-6 所示，複製溫度濕度模擬器畫面右上角文字 ed3c7058f542。

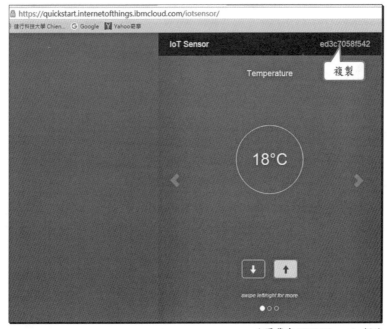

此圖截自 **IBM Bluemix** 網站

圖 17-6　開啟溫度濕度計模擬器

3. 修改 IBM IoT In 設定

在 IBM IoT In 節點上點兩下編輯，修改如圖 17-7 所示，設定好按 Ok。

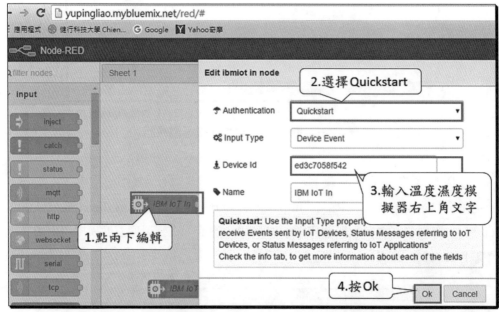

此圖截自 **IBM Bluemix** 網站

圖 17-7　修改 IBM IoT In 節點與設定

4. 加入 ibmiot 節點與設定

將左邊 input 下的 ibmiot 拖曳至 Sheet2 編輯區，在節點上點兩下進行編輯，先在 Authentication 欄位選出 Bluemix Service，再至 Device Type 欄位填入 Arm，如圖 17-8 所示，設定好按 Ok。

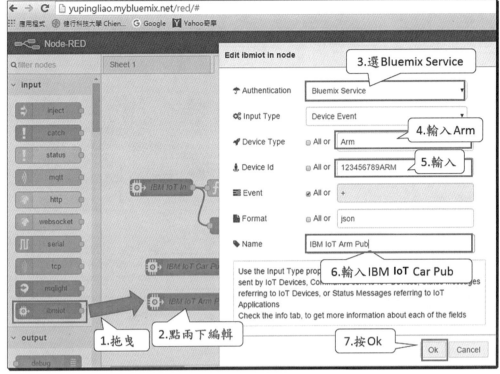

此圖截自 **IBM Bluemix** 網站

圖 17-8　加入 ibmiot 節點與設定

5. 加入 debug 節點

加入左邊 output 下的 debug 拖曳至 Sheet2 編輯區，在節點上點兩下編輯，更改 Name 欄位內容為 Arm pub message，將新加入的節點排列並連線如圖 17-9 所示。

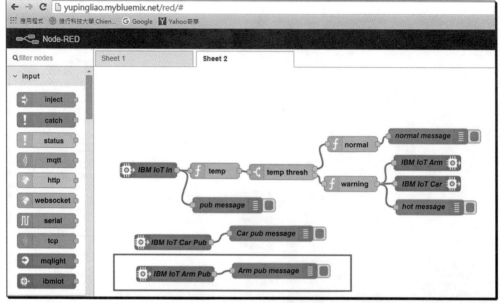

此圖截自 **IBM Bluemix** 網站

圖 17-9　加入 debug 節點兩個

6. 進行部署

接著進行部署，按一下 Node-RED 工作區右上角的 Deploy 按鈕 ，即可部署修改過的流程。

7. 機器手臂裝置設置

下載 VarSpeedServo library，使用瀏覽器連結網址：「https://github.com/netlab-toolkit/VarSpeedServo」，點選 Download ZIP 下載程式碼 zip 檔，如圖 17-10。

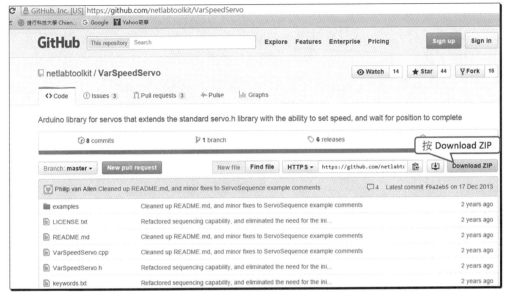

圖 17-10　VarSpeedServo-master.zip 下載處

解壓縮以後把資料夾複製至 Arduino IDE 安裝路徑下的 libraries 資料夾下，例如：「c:/Program Files（x86）/Arduino/libraries/VarSpeedServo-master /」，如圖 17-11 所示。

圖 17-11　把資料夾複製至 Arduino IDE 安裝路徑下的 libraries 資料夾下

重新啟動 Arduino IDE，將表 17-4 之 Arduino 程式先在 Arduino IDE 編輯後（注意此裝置在雲端平台的認證資料如表 17-5 所示，需在程式中寫入），編輯完成後選取工具為 Arduino Uno，再進行驗證無誤後，須先把 Arduino Uno 上 Pin0（RX）與 Pin1（TX）接線移開，上傳至 Arduino Uno 開發板，如圖 17-12。

表 17-5　裝置 123456789ARM 認證資料

組織 ID	9msged
裝置類型	Arm
裝置 ID	123456789ARM
鑑別方法	Token
鑑別記號	QGcTCMPPc)yzO?YnKF

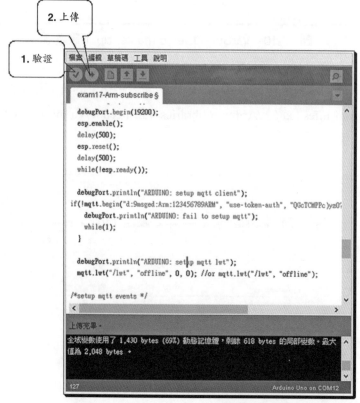

此圖截自 **IBM Bluemix** 網站

圖 17-12　上傳至 Arduino Uno 開發板

上傳至 Arduino Uno 開發板完成後，再將 Arduino UNO 上 Pin0（RX）與 Pin1（TX）接線接回。

8. 觀看 Node-RED 訊息視窗

到 Node-RED 處觀察 debug 區，會看到有溫度濕度模擬裝置一直發布的溫度與濕度訊息（pub message），在溫度 40 度以下之情況判斷是 normal 的結果（normal message），如圖 17-13 所示。

此圖截自 **IBM Bluemix** 網站

圖 17-13　觀察溫度在 40 度以下之 debug 區訊息

9. 調整溫度模擬器溫度值

點選溫度模擬器畫面中的「往上」的箭頭，調整溫度值超過 40 度，如圖 17-14 所示。

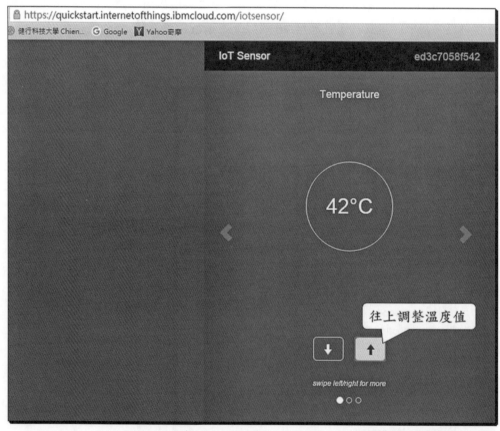

此圖截自 **IBM Bluemix** 網站

圖 17-14　模擬器溫度往上調整至 42 度

10. 觀看 Node-RED 訊息視窗

到 Node-RED 處觀察 debug 區，會看到有溫度濕度模擬裝置一直發布的溫度與濕度訊息（pub message），在溫度 40 度以上之情況判斷是 hot 的結果（hot message），會發布訊息給訂閱者，機器手臂收到訂閱的資料，會降低動作速度並發布資料，從 debug 視窗可以看到機器手臂裝置發布之訊息，如圖 17-15 所示。

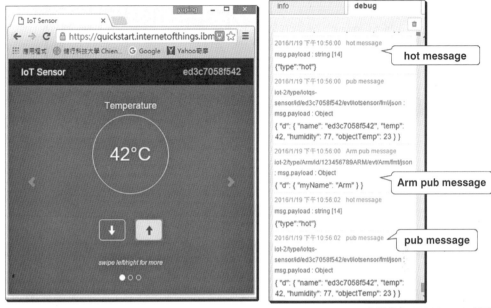

此圖截自 **IBM Bluemix** 網站

圖 17-15　觀察溫度在 40 度以上之 debug 區訊息

七、實驗結果

　　本堂課已完成了物聯網專題──機器手臂訂閱資訊之實驗，當溫度計裝置溫度在 40 度以下，機器手臂移動級速 120；當溫度在 40 度以上，雲端應用程式會發布訊息，機器手臂移動級速變慢，並發布資料至雲端，雲端應用程式訊息如圖 17-16 所示。

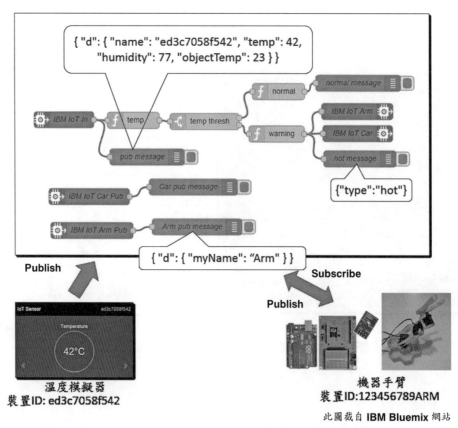

{ "d": { "name": "ed3c7058f542", "temp": 42, "humidity": 77, "objectTemp": 23 } }

{"type":"hot"}

{ "d": { "myName": "Arm" } }

Publish

Subscribe

Publish

溫度模擬器
裝置ID: ed3c7058f542

機器手臂
裝置ID:123456789ARM

此圖截自 **IBM Bluemix** 網站

圖 17-16　物聯網專題──機器手臂訂閱資訊實驗結果

補充站

生產力 4.0 簡單說，就是透過網路技術、雲端科技打造智慧型的工廠。工廠可以隨時依照客戶需求調整生產內容。工業 4.0 智能化生產，少量多樣是必然的態勢。利用大數據分析運用於決策，已廣泛地運用在企業經營的每一層面，包括消費者探索、消費者參與設計、新興產品開發、智能工廠生產、智能物流運籌與售後服務維修等。

第 18 堂課

物聯網專題實作——手機應用

一、實驗目的

二、實驗設備

三、實驗配置

四、重點語法

五、APP程式

六、Node-RED應用程式實驗步驟

七、Android手機實驗步驟

八、Android手機實驗結果

九、iPhone手機實驗步驟

十、iPhone手機實驗結果

十一、同時開啓Android手機與iPhone手機

一、實驗目的

　　示範如何運用 MQTT（Message Queuing Telemetry Transport）技術，讓物與物之間訊息相通，本專題範例使用一組溫度濕度模擬裝置（發布溫度資料至 MQTT Broker）、一隻 Android 手機、一支 iPhone 手機（從 MQTT Broker 訂閱資料），與雲端應用程式（Node-RED）。溫度濕度裝置發布溫度，雲端應用程式會判斷發布的溫度是否過高，若溫度過高則發布警告資訊，訂閱資訊者收到訂閱資訊為警告訊息時，手機 APP 會跳出警告訊息並發布訊息回 MQTT Broker。物聯網專題實作──手機應用實驗架構如圖 18-1 所示，本實驗之溫濕度模擬網頁發布溫度值，可任意調整發布之溫度值，因此可更容易的進行系統測試。

圖 18-1　物聯網專題實作──手機應用實驗架構

二、實驗設備

物聯網專題實作——手機應用實驗設備需要 Android 系統手機一隻或 iPhone 手機一隻，一台電腦麥金塔電腦或 Window 系統電腦，如圖 18-2 所示。

圖 18-2　物聯網專題實作——手機應用實驗設備

三、實驗配置

物聯網專題實作——手機應用電腦需安裝之軟體整理如表 18-1 所示。

表 18-1　物聯網專題實作——手機應用電腦需安裝之軟體

軟體	版本
Eclipse	LUNA 版以上
Java	7 以上

軟體	版本
Android SDK	Android 5.0(API Level 21)
IBM MobileFirst	7.1
Xcode	7.1（於 Mac 電腦上安裝）

物聯網專題實作——手機應用雲端應用程式 Node-RED 流程圖如圖 18-3 所示。

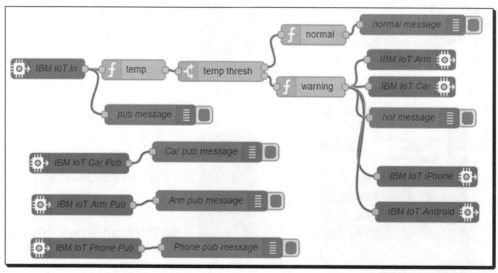

此圖截自 **IBM Bluemix** 網站

圖 18-3　物聯網專題實作——手機應用雲端應用程式 Node-RED 流程圖

表 18-2　Node-RED 流程圖中各節點的功能說明

節點名稱	節點內容	說明
IBM IoT Phone Pub (input -> ibmiot)	"Authentication":"Bluemix service"， "Input Type":"Device Event"， "Device type":"Phone"， "Device Id":All， "Name": "IBM IoT Arm Pub"	鑑別類型為「Bluemix service」，輸入形式為「Device Event」，裝置類型為「Arm」，裝置 Id 為全部，節點名稱為「IBM IoT Phone Pub」。

節點名稱	節點內容	說明
IBM IoT iPhone (output->ibmiot)	"Authentication":"Bluemix Service"， "Output Type":"Device Command"，"Device Type":"Phone"， "Device Id":" ios_phone"，	鑑別類型為「Bluemix Service」， 輸出類型為「Device Command」， 裝置類型為「Phone」，裝置 Id 為 「ios_phone」，節點名稱為「IBM IoT iPhone」。
IBM IoT Android (output->ibmiot)	"Authentication":"Bluemix Service"， "Output Type":"Device Command"，"Device Type":"Phone"， "Device Id":" android_phone"，	鑑別類型為「Bluemix Service」， 輸出類型為「Device Command」， 裝置類型為「Phone」，裝置 Id 為 「android_phone」，節點名稱為 「IBM IoT Android」。
IBM IoT Arm Pub (input -> ibmiot)	"Authentication":"Bluemix service"， "Input Type":"Device Event"， "Device type":"Arm"， "Device Id":"123456789ARM"， "Name": "IBM IoT Arm Pub"	鑑別類型為「Bluemix service」， 輸入形式為「Device Event」，裝 置類型 " 為「Arm」，裝置 Id 為 「123456789ARM」，節點名稱為 「IBM IoT Arm Pub」。
Arm pub message (output-> debug)	"Output":"message property" msg.payload "to":"debug tab" "Name":" Arm pub message"	輸出為「msg.payload」內容至 「debug」視窗，節點名稱為「Arm pub message」。
IBM IoT Car Pub (input -> ibmiot)	"Authentication":"Bluemix service"， "Input Type":"Device Event"， "Device type":"Car"， "Device Id":"123456789BMW"， "Name": "IBM IoT Car Pub"	鑑別類型為「Bluemix service」， 輸入形式為「Device Event」， 裝置類型為「Car」，裝置 Id 為 「123456789BMW」，節點名稱為 「IBM IoT Car Pub」。
Car pub message (output-> debug)	"Output":"message property" msg.payload "to":"debug tab" "Name":" Car pub message"	輸出為「msg.payload」內容至 「debug」視窗，節點名稱為「Car pub message」。
IBM IoT In (input -> ibmiot)	"Authentication":"Bluemix service"， "Input Type":"Device Event"， "Device type":"Arduino"， "Device Id":"123456789038"， "Name": "IBM IoT In"	鑑別類型為「Bluemix service」， 輸入形式為「Device Event」，裝 置類型為「Arduino」，裝置 Id 為 「123456789038」，節點名稱為 「IBM IoT In」。

節點名稱	節點內容	說明
IBM IoT Arm (output->ibmiot)	"Authentication":"Bluemix Service"， "Output Type":"Device Command"，"Device Type":"Arm"， "Device Id":"123456789ARM"，	鑑別類型為「Bluemix Service」， 輸出類型為「Device Command」， 裝置類型為「Arm」，裝置 Id 為 「123456789ARM」，節點名稱為 「IBM IoT Arm」。
IBM IoT Car (output->ibmiot)	"Authentication":"Bluemix Service"， "Output Type":"Device Command"， "Device Type":"Car"，''Device Id":"123456789BMW"，	鑑別類型為「Bluemix Service」， 輸出類型為「Device Command」， 裝置類型為「Car」，裝置 Id 為 「123456789BMW」，節點名稱為 「IBM IoT Car」。
pub message (output-> debug)	"Output":"message property" msg.payload "to":"debug tab" "Name":" pub message"	輸出為「msg.payload」內容至 「debug」視窗，節點名稱為「pub message」。
temp (function->function)	"Name":"temp" "Function": "return {payload:msg. payload.d.temp};" "Outputs":"1"	節點名稱為「temp」， 函數內容為回傳「{payload:msg. payload.d.temp}」，輸出節點為 1 個。
temp thresh (function->switch)	"Name":"temp thresh" "Property":"msg.payload" <=40 -> 1 >40 -> 2 "rule":"check all rules"	節點名稱為「temp thresh」，判斷 msg.payload 的值，當其值小於等 於 40 時，送出 payload 的值至通 道 1 輸出；若其值大於 40 時，送出 payload 的值至通道 2 輸出。
normal (function->function)	msg.payload = JSON.stringify({ type: "normal"});return msg;	節點名稱為「normal」，payload 的內容為「msg.payload = JSON. stringify({ type: "normal"});return msg;」。
normal message (output->debug)	"Output":"message property" msg.payload "to":"debug tab" "Name":" normal message"	輸出為「msg.payload」內容至 「debug」視窗，節點名稱為 「normal message」。
warning (function->function)	msg.payload = JSON.stringify({ type: "hot"});return msg;	節點名稱為「warning」，payload 的內容為「msg.payload = JSON. stringify({ type: "hot"});return msg;」。

節點名稱	節點內容	說明
hot message (output->debug)	"Output":"message property" msg.payload "to":"debug tab" "Name":" hot message"	輸出為「msg.payload」內容至「debug」視窗，節點名稱為「hot message」。

四、重點語法

表 18-3　物聯網專題實作──手機應用資訊之重點語法整理

語法	說明
function ui_connect_server() { publish_message('go'); }	函數 ui_connect_server。內容為呼叫 publish_message 函數。

function ui_connecting_server()
{
   //alert("connected");
 }
	函數 ui_connecting_server。

function ui_disconnect_server()
{   // alert("disconnect");
}
	函數 ui_disconnect_server。

var org = '9msged'; var device_type = 'Phone'; var device_id = 'ios_phone'; var device_auth = 'djBLX&34OYRUDT*mkm';	設定組織名稱為「9msged」。 裝置型態為「Phone」。 裝置 ID 為「ios_phone」。 裝置金鑰為「djBLX&34OYRUDT*mkm」。
var host = org+'.'+'messaging.internetofthings.ibmcloud.com'; var host_port = 8883;	主機位址為 org+'.'+'messaging.internetofthings.ibmcloud.com'; 通訊埠為 8883（使用傳輸層安全協議）。
var TOPIC_IOTF_EVENT = 'iot-2/evt/Phone/fmt/json';	發布資料的 TOPIC 為 'iot-2/evt/Phone/fmt/json'。
var client_id = 'd:'+org+':'+device_type+':'+device_id;	MQTT ClientId 格式為 'd:'+org+':'+device_type+':'+ device_id。

語法	說明
```function onConnectionLost(responseObject) { if (responseObject.errorCode !== 0) { console.log("onConnectionLost:"+responseObject. errorMessage); } ui_disconnect_server(); }```	onConnectionLost 函數，內容為若有收到錯誤碼，在 consil 視窗印出 "on ConnectionLost:"+responseObject. errorMessage。 呼叫 ui_disconnect_server 函數。
```// called when a message arrives function onMessageArrived(message) { var topic = message.destinationName; var payload = message.payloadString; var data = JSON.parse(payload); if (data.type == "hot") { alert("too hot"); publish_message('go'); } }```	onMessageArrived 函數，內容為將收到的訊息 message 中的 destinationName 值存入 tpoc 變數； 將收到的訊息 message 中的 payloadString 值存入 payload 變數； 將 payload 之 JSON 資料轉換為 javascript 物件存入 data。 若是 data.type 值有 "hot" 的內容，則跳出警示視窗寫「too hot」。 再發布訊息。
```function publish_message(msg) { if(mqtt_client) { var s = JSON.stringify({'d':{'Myname': 'iPhone' }}); var message = new Paho.MQTT.Message(s); message.destinationName = TOPIC_IOTF_EVENT; // TOPIC_IOTF_EVENT= 'iot-2/evt/Phone/fmt/json'; mqtt_client.send(message); console.log('message sent'); } else { console.log('no mqtt client'); } }```	publish_message 函數，若 若 mqtt_client 存在，則 轉換 {'d':{'Myname': 'iPhone' }} 為 JSON 字串存入變數 s。 以 s 內容創造一個訊息物件 message。 message.destinationName 值為 'iot-2/evt/Phone/fmt/json';。 送出 MQTT 訊息 message。 在 console 視窗印出「message sent」文字。 若 mqtt_client 不存在 則 在 console 視窗印出「no mqtt client」文字。

語法	說明

function connect_server() {
　　if (mqtt_client) {
　　　mqtt_client.disconnect();
　　　mqtt_client = undefined;
　　}
	函數 connect_server，內容為
	若 mqtt_client 存在。
	將目前連線斷線；
	將變數 mqtt_client 清空；

mqtt_client = new Paho.MQTT.Client(host, Number(host_port), client_id);	創造新的 MQTT 連線，需帶入 MQTT Broker 名稱，通訊埠號碼 host_port，與 MQTT client 端的 client_id。
ui_connecting_server();	呼叫 ui_connecting_server 函數。
console.log(mqtt_client);	在 console 視窗印出 mqtt_client 內容。

// set callback handlers
mqtt_client.onConnectionLost = onConnectionLost;
	設定 MQTT 斷線時執行 onConnection
	Lost 函數。

mqtt_client.onMessageArrived = onMessageArrived;	設定 MQTT client 端收到訂閱的資料時執 行 onMessageArrived 函數。

// connect the client
　　mqtt_client.connect({
userName: 'use-token-auth',
　　password: device_auth,
　　useSSL: true,
onSuccess: function () {
	MQTT client 端連接 MQTT Broker 設定，
	userName 為 'use-token-auth'；
	password 為 device_auth 金鑰；useSSL
	為 True；

console.log("MQTT onConnect success");	連線成功時，執行函數內容為在 console 視窗印出「MQTT onConnect success」。
ui_connect_server(); 　　mqtt_client.subscribe('iot-2/cmd/temp/fmt/json', {qos: 0}); },	呼叫 ui_connect_server 函數 訂閱資訊 TOPIC 內容為「iot-2/cmd/ temp/fmt/json」。傳遞訊息服務品質設定 為 {qos: 0}。

onFailure: function(err) {
　　console.log('connect mqtt server fail', err);
}});
}
	連線不成功時，執行函數內容為將
	console 視窗印出「connect mqtt server
	fail」。

五、APP 程式

物聯網專題實作—手機應用之 APP 程式採用 html5 之語法，在此說明兩個檔案：index.html 與 main.js。index.html 主要設計 APP 外觀，main.js 處理 MQTT client 端對 MQTT Broker 發布資訊內容與收到訂閱資料時的處理方式。index.html 與 main.js 分別說明如表 18-4 與表 18-5。

表 18-4 index.html 內容與說明

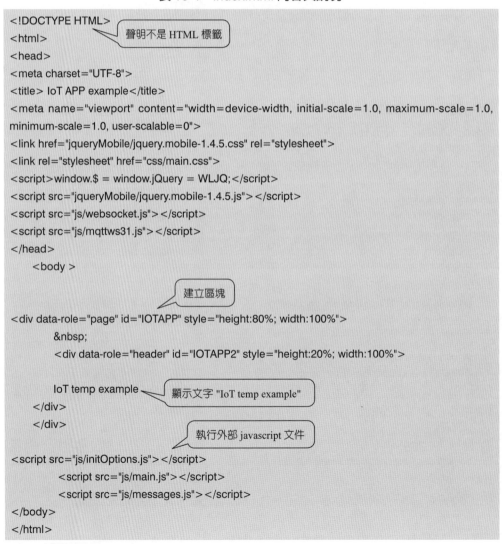

```
<!DOCTYPE HTML>
<html>                      聲明不是 HTML 標籤
<head>
<meta charset="UTF-8">
<title> IoT APP example</title>
<meta name="viewport" content="width=device-width, initial-scale=1.0, maximum-scale=1.0,
minimum-scale=1.0, user-scalable=0">
<link href="jqueryMobile/jquery.mobile-1.4.5.css" rel="stylesheet">
<link rel="stylesheet" href="css/main.css">
<script>window.$ = window.jQuery = WLJQ;</script>
<script src="jqueryMobile/jquery.mobile-1.4.5.js"></script>
<script src="js/websocket.js"></script>
<script src="js/mqttws31.js"></script>
</head>
    <body >
                                    建立區塊
<div data-role="page" id="IOTAPP" style="height:80%; width:100%">
         
            <div data-role="header" id="IOTAPP2" style="height:20%; width:100%">

        IoT temp example        顯示文字 "IoT temp example"
    </div>
    </div>
                                    執行外部 javascript 文件
<script src="js/initOptions.js"></script>
        <script src="js/main.js"></script>
        <script src="js/messages.js"></script>
</body>
</html>
```

表 18-5　main.js 內容與說明

```
/* JavaScript content from js/main.js in folder common */
function ui_connect_server()
{
    publish_message('go');              發布訊息
}

function ui_connecting_server()

{
    //alert("connected");
    }

function ui_disconnect_server()

{
    // alert("disconnect");

}

//////////////////////////////////////////////////////////////

var org = '9msged';                     組織名稱

var device_type = 'Phone';              裝置型態

var device_id = 'ios_phone';            裝置 ID
//var device_id = 'android_phone';

var device_auth = 'djBLX&34OYRUDT*mkm';//ios_phone     金鑰
//var device_auth ='ca*LnrO316MuG?bbw0';//android_phone

                                        MQTT Broker 位址
var host = org+'.'+'messaging.internetofthings.ibmcloud.com';
var host_port = 8883;                   通訊埠

var mqtt_client;        宣告變數 mqtt_client            TOPIC

var TOPIC_IOTF_EVENT = 'iot-2/evt/Phone/fmt/json';
```

MQTT client ID

```javascript
var client_id = 'd:'+org+':'+device_type+':'+device_id;
```

當 MQTT client 斷線時會呼叫的函數

```javascript
// called when the client loses its connection
function onConnectionLost(responseObject) {
    if (responseObject.errorCode !== 0) {
        console.log("onConnectionLost:"+responseObject.errorMessage);
    }
```

呼叫 ui_disconnect_server 函數

```javascript
    ui_disconnect_server();
}
```

當有收到訂閱資訊時呼叫的函數

```javascript
// called when a message arrives
function onMessageArrived(message) {
```

將收到訂閱資訊 message 的 destinationName 值存入變數 topic

```javascript
var topic = message.destinationName;
```

將收到訂閱資訊 message 的 payloadString 值存入變數 payload

```javascript
var payload = message.payloadString;
```

將 JSON 格式之 payload 轉換成 javascript 物件存入 data

```javascript
var data = JSON.parse(payload);
```

若 data 中的 type 內容有 "hot" 文字

```javascript
 if (data.type == "hot") {
```

跳出警告視窗，警示文為 "too hot"

```javascript
    alert("too hot");
```

呼叫發布訊息函數

```javascript
publish_message('go');
    }
}
```

發布訊息函數

```javascript
function publish_message(msg) {
```

```
if(mqtt_client) {
```
若 mqtt_client 存在

建立 JSON 字串存入 s
```
    var s = JSON.stringify({'d':{'Myname': 'iPhone'  }});
// var s = JSON.stringify({'d':{'Myname': 'Android Phone'  }});
```

以 s 創造新的 MQTT 訊息物件
```
    var message = new Paho.MQTT.Message(s);
```

訊息物件的 destinationName 值為 TOPIC_IOTF_EVENT 內容
```
message.destinationName = TOPIC_IOTF_EVENT;
/        / TOPIC_IOTF_EVENT = 'iot-2/evt/Phone/fmt/json'
```

將 message 發布至 MQTT Broker
```
    mqtt_client.send(message);
```

在 console 視窗印出 no mqtt client
```
    console.log('message sent');
    }
```

若 mqtt_client 不存在
```
 else {
```

在 console 視窗印出 no mqtt client
```
    console.log('no mqtt client');
    }
}
```

connect_server 函數
```
function connect_server() {
```

若 mqtt_client 存在
```
if (mqtt_client) {
```

切斷與 MQTT Broker 之連線
```
mqtt_client.disconnect();
```

將 mqtt_client 設定為 undefined
```
    mqtt_client = undefined;
    }
```

創造與 MQTT Broker 間新的連線
```
    mqtt_client = new Paho.MQTT.Client(host, Number(host_port), client_id);
```

```
ui_connecting_server();
```

呼叫 ui_connecting_server 函數

在 console 視窗印出 mqtt_client 物件內容

```
console.log(mqtt_client);
```

```
    // set callback handlers
```

設定斷線時，執行 onConnectionLost 函數

```
    mqtt_client.onConnectionLost = onConnectionLost;
```

設定 client 端有到訂閱資料時，執行 onMessageArrived 函數
onConnectionLost 函數

```
mqtt_client.onMessageArrived = onMessageArrived;
```

```
    // connect the client
    mqtt_client.connect({
```

將 MQTT client 連接 MQTT Broker

```
                userName: 'use-token-auth',
                password: device_auth,
                useSSL: true,
```

連接成功

```
                onSuccess: function () {
```

在 console 視窗印出 "MQTT onConnect success"

```
                console.log("MQTT onConnect success");
```

呼叫 ui_connect_server 函數

```
                ui_connect_server();
```

訂閱 TOPIC 為 'iot-2/cmd/temp/fmt/json' 的訊息

```
                mqtt_client.subscribe('iot-2/cmd/temp/fmt/json', {qos: 0});
                },
```

若連接不成功

```
onFailure: function(err) {
```

在 console 視窗印出 "connect mqtt server fail" 文字

```
console.log('connect mqtt server fail', err);
                }});
}
```

```
var iot_init = {
init: function() {
    connect_server();          呼叫 connect_server 函數
}
};              初始化執行函數
function wlCommonInit(){
    iot_init.init();
}              呼叫 iot_init 的 init
```

六、Node-RED 應用程式實驗步驟

開啓 Node-RED 流程編輯器→開啓溫度濕度計模擬器→修改 IBM IoT In 設定→加入 ibmiot 節點（out）與設定→加入 ibmiot 節點（out）與設定→加入 ibmiot 節點（input) →加入 debug 節點→進行部署。

1. 開啓 Node-RED 流程編輯器

從 IBM Bluemix 網頁：「https://console.ng.bluemix.net/」登入 IBM Bluemix，從 IBM Bluemix 儀表板可以看到已建立的應用程式，點進去應用程式可以看到應用程式的路徑，點路徑開啓網頁，再點選 Go to your Node-RED flow editor，開啓 Node-RED 流程編輯環境，切至 Sheet2，延續第十七堂課的專題，如圖 18-4 所示。

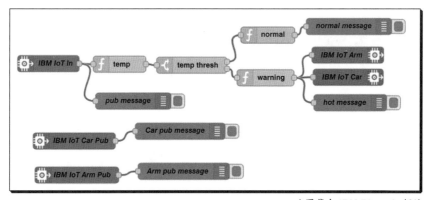

此圖截自 **IBM Bluemix** 網站

圖 18-4　進入 Node-RED 流程編輯器

2. 開啓溫度濕度計模擬器

在瀏覽器中輸入此 URL：「http://quickstart.internetofthings.ibmcloud.com/iotsensor」，出現溫度濕度模擬器畫面，如圖 18-5 所示，複製溫度濕度模擬器畫面右上角文字 211a43b3ab4e。

此圖截自 **IBM Bluemix** 網站

圖 18-5　開啓溫度濕度計模擬器

3. 修改 IBM IoT In 設定

在 IBM IoT In 節點上點兩下進行編輯，修改如圖 18-6 所示，設定好按 Ok。

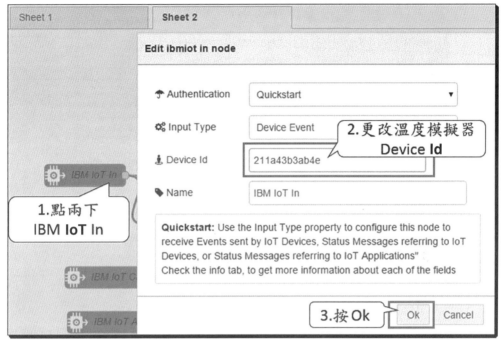

此圖截自 **IBM Bluemix** 網站

圖 18-6　加入 ibmiot 節點與設定

4. 加入 ibmiot 節點（output）與設定

將左邊 output 下的 ibmiot 拖曳至 Sheet2 編輯區，在節點上點兩下進行編輯，先在 Authentication 欄位選出 Bluemix Service，再至 Output Type 欄位選出 Device Command，再至 Device Type 欄位填入 Phone，於 Device Id 欄位填入 ios_phone，設定如圖 18-7 所示，設定好按 Ok。

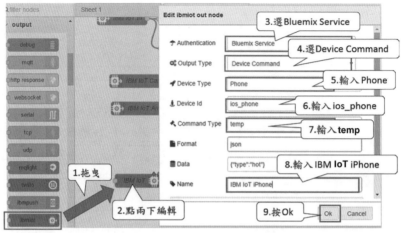

此圖截自 **IBM Bluemix** 網站

圖 18-7 加入 ibmiot 節點與設定

5. 加入 ibmiot 節點（output）與設定

將左邊 output 下的 ibmiot 拖曳至 Sheet2 編輯區，在節點上點兩下進行編輯，先在 Authentication 欄位選出 Bluemix Service，再至 Output Type 欄位選出 Device Command，再至 Device Type 欄位填入 Phone，於 Device Id 欄位填入 android_phone，設定如圖 18-8 所示，設定好按 Ok。

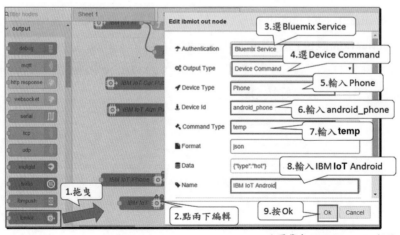

此圖截自 **IBM Bluemix** 網站

圖 18-8 加入 ibmiot 節點與設定

6. 加入 ibmiot 節點（input）與設定

將左邊 input 下的 ibmiot 拖曳至 Sheet2 編輯區，再節點上點兩下進行編輯，先在 Authentication 欄位選出 Bluemix Service，再至 Device Type 欄位填入 Phone，如圖 18-9 所示，設定好按 Ok。

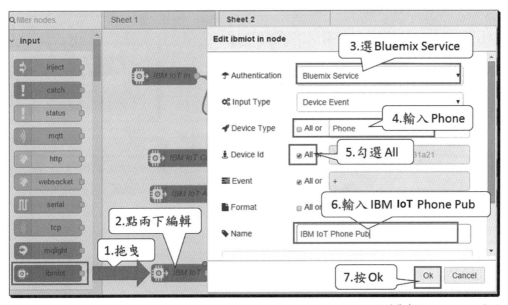

此圖截自 **IBM Bluemix** 網站

圖 18-9　加入 ibmiot 節點與設定

7. 加入 debug 節點

加入左邊 output 下的 debug 拖曳至 Sheet2 編輯區，在節點上點兩下進行編輯，更改 Name 欄位內容為 Phone pub message，將新加入的節點排列並連線如圖 18-10 所示。

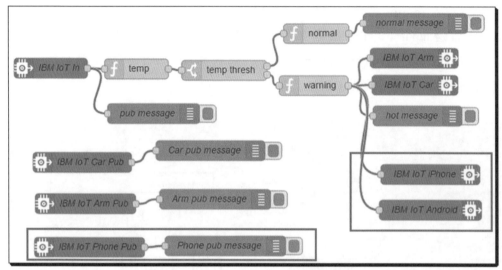

此圖截自 **IBM Bluemix** 網站

圖 18-10　加入 debug 節點與連線

8. 進行部署

接著進行部署，按一下 Node-RED 工作區右上角的 Deploy 按鈕 ，即可部署修改過的流程。

七、Android 手機實驗步驟

複製資料夾→開啟 Eclipse → Import 已存在的專案→編輯程式→建立所有環境→建立 Android 環境→產生 apk 檔。

1. 複製資料夾

從範例光碟中複製 iot_example 資料夾至電腦中，例如：複製至 D 槽下。

2. 開啟 Eclipse

開啟 Eclipse 會出現 Workspace Launcher，輸入一個新的工作空間（Workspace），如圖 18-11 所示，按 OK。

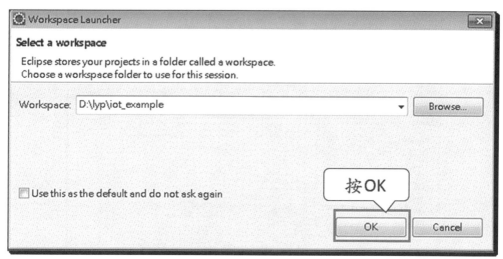

圖 18-11　開啓 Eclipse 與設定工作空間

切換至新的工作空間會出現 Welcome 頁面，按「X」關閉，如圖 18-12 所示。

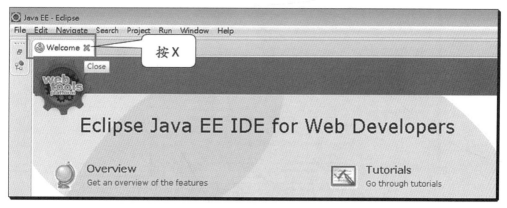

圖 18-12　關閉 Welcome 頁面

3. Import 已存在的專案

　　要引入步驟 1 從光碟複製至電腦的專案，方法爲選取視窗選單 File → Import，會跳出 Import 視窗，按 General → Existing Projects into Workspace ，如圖 18-13 所示，再按 Next。

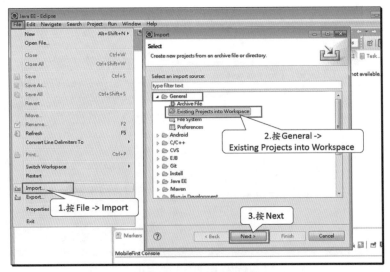

圖 18-13　Import 視窗

接著從「Browse…」中選取 iot_example 下的 bluehealth，如圖 18-14 所示。

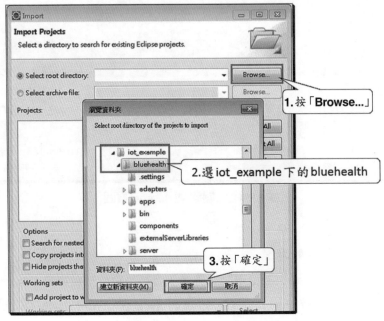

圖 18-14　從「Browse…」中選取專案目錄

可以看到在 Projects 清單中有專案，勾選專案後按 Finish ，會在 Eclipse 的 Project Explorer 出現專案，展開專案如圖 18-15 所示。

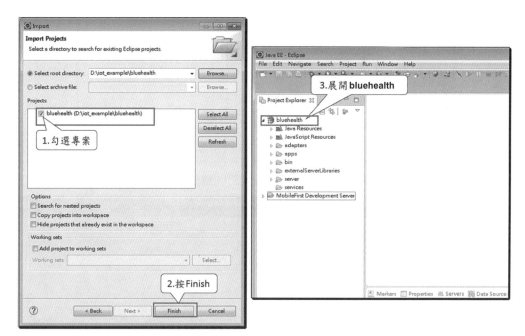

圖 18-15　選已存在的專案

4. 編輯程式

點選專案下的 apps → bluehealth → common → index.html ，與 apps → bluehealth → common → s → main.js ，編輯 APP 程式，如圖 18-16 所示。需要更改 main.js 中裝置的認證（每個裝置皆不同），目前 Android 手機裝置取得的認證須修改的變數與收到訂閱資訊後發布之資料整理如表 18-6 所示。

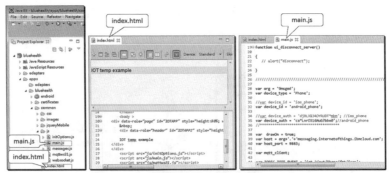

圖 18-16　編輯 index.htm 與 main.js

表 18-6　Android 手機認證收到訂閱資訊後發布之資料

變數名稱	值	說明
org	9msged	組織 ID
device_type	Phone	裝置類型
device_id	android_phone	裝置 ID
device_auth	ca*LnrO316MuG?bbw0	金鑰
s	JSON.stringify({'d':{'Myname': 'Android Phone' }});	收到訂閱資訊後發布之資料

5. 建立所有環境

在 bluehealth 處按右鍵，按 Run As 下的 Build All Environments，如圖 18-17
所示。

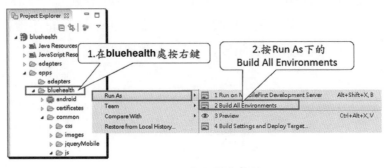

圖 18-17　建立所有環境

6. 建立 Android 環境

在 android 處按右鍵，按 Run As 下的 Build Android Environment，建立 Android 環境如圖 18-18 所示。

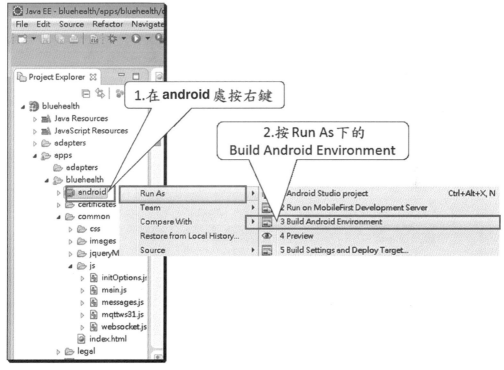

圖 18-18　建立 Android 環境

7. 產生 apk 檔

在 bluehealthBluehealthAndroid 處按右鍵，按 Run As 下的 Android Application，如圖 18-19 所示。

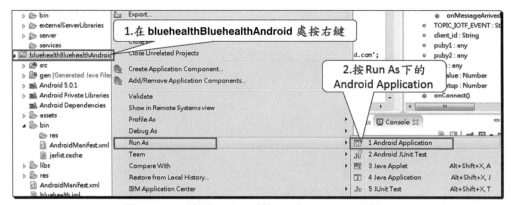

圖 18-19　按 Run As 下的 Android Application

　　若沒安裝模擬器，直接對出現的視窗按 No 與 Cancel 取消模擬器設定，如圖 18-20 所示。

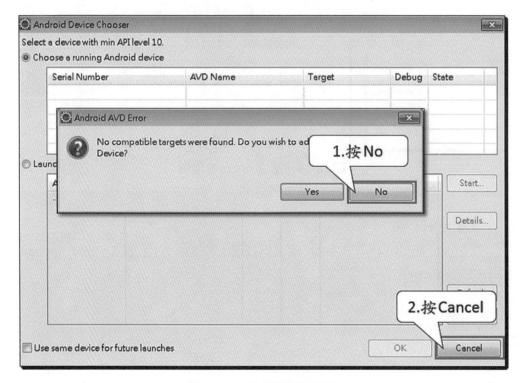

圖 18-20　取消模擬器設定

再至資料夾 bluehealth → apps → bluehealth → android → native → bin 下可以找到 apk 檔。將此檔案複製至手機中，如圖 18-21 所示。

圖 18-21　複製 apk 檔至手機中

八、Android 手機實驗結果

將 Android 手機 WiFi 開啓，在 Android 手機安裝「bluehealthBluehealthAndroid. apk」，APP 開啓畫面如圖 18-22 所示。

圖 18-22　Android 手機 APP 畫面

提高溫度模擬裝置至 40 度以上，可以看到手機跳出警示視窗，按「確定」關閉警示視窗如圖 18-23 所示。

此圖截自 **IBM Bluemix** 網站

圖 18-23　提高溫度模擬裝置至 40 度以上

到 Node-RED 處觀察 debug 區，會看到有溫度濕度模擬裝置一直發布的溫度與濕度訊息（pub message），在溫度 40 度以上之情況判斷是 hot 的結果（hot message），會發布訊息給訂閱者，Android 手機收到訂閱的資料，會發布資料 {"d":{"myName":"Android Phone"}}，從 debug 視窗可以看到訊息狀況，如圖 18-24 所示。

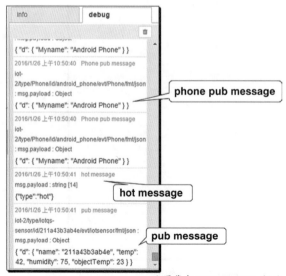

此圖截自 **IBM Bluemix** 網站

圖 18-24　觀察溫度在 40 度以上之 debug 區訊息

當溫度在 40 度以上，雲端應用程式會發布訊息，手機收到訂閱的資料後，會發布資料 {"d":{"myName":"Android Phone"}}，雲端收到訊息由 debug 節點顯示，如圖 18-25 所示。

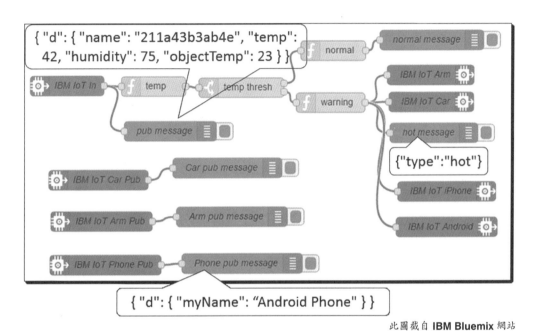

此圖截自 **IBM Bluemix** 網站

圖 18-25　雲端應用程式

九、iPhone 手機實驗步驟

複製資料夾→開啟 Eclipse → Import 已存在的專案→編輯程式→設定 Mobile-First 環境→建立所有環境→建立 iphone 環境→建立 Xcode 專案→設定 Xcode 模擬器→建立專案→執行專案。

1. 複製資料夾

在 Mac 電腦從範例光碟中複製 iot_example 資料夾至電腦資料夾，例如：複製至 D 槽下。

2. 開啓 Eclipse

開啓 Eclipse 會出現 Workspace Launcher，輸入一個新的工作空間（Work-space），按 OK。切換至新的工作空間會出現 Welcome 頁面，按「X」關閉。

3. Import 已存在的專案

要引入步驟 1 從光碟複製至電腦的專案，方法爲選取視窗選單 File → Import，會跳出 Import 視窗，按 General → Existing Projects into Workspace，再按 Next。接著從「Browse…」中選取 iot_example 下的 bluehealth。可以看到在 Projects 清單中有專案，勾選專案後按 Finish，會在 Eclipse 的 Project Explorer 出現專案。

4. 編輯程式

點選專案下的 apps → bluehealth → common → index.html，與 apps → bluehealth → common → js → main.js，編輯 APP 程式，如圖 18-26 所示。需要更改 main.js 中裝置的認證（每個裝置皆不同），目前 ios 手機裝置取得的認證需修改的變數與收到訂閱資訊後發布之資料整理如表 18-7 所示。

圖 18-26　編輯 index.htm 與 main.js

表 18-7　iPhone 手機認證收到訂閱資訊後發布之資料

變數名稱	值	說明
org	9msged	組織 ID
device_type	Phone	裝置類型
device_id	ios_phone	裝置 ID
device_auth	djBLX&34OYRUDT*mkm	金鑰
s	JSON.stringify({'d':{'Myname': 'iPhone' }});	收到訂閱資訊後發布之資料

5. 設定 MobileFirst 環境

設定 MobileFirst 環境如圖 18-27 所示。

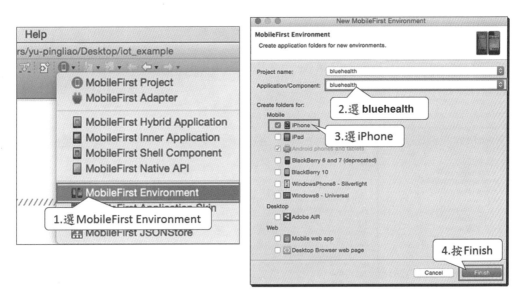

圖 18-27　設定 MobileFirst 環境

6. 建立所有環境

在 bluehealth 處按右鍵，點選 Run As 下的 Build All Environments，如圖 18-28 所示，產生所有環境。

 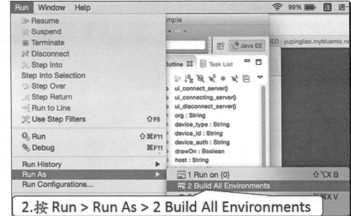

圖 18-28　建立所有環境

7. 建立 iphone 環境

選 iphone，再按 Run → Run As → 3 Build {0} Environment 建立 iphone 環境，如圖 18-29 所示。

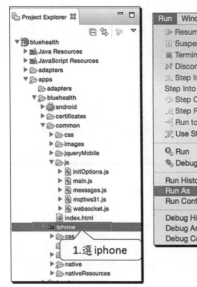 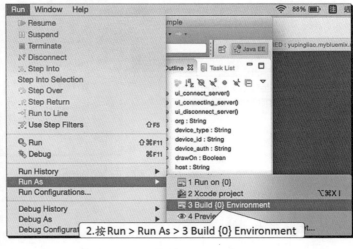

圖 18-29　建立 iphone 環境

8. 建立 Xcode 專案

選 iphone，再按 Run → Run As → 2 Xcode project 建立建立 Xcode 專案，如圖 18-30 所示。

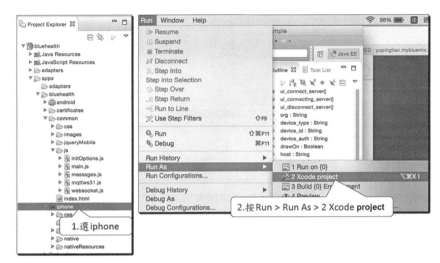

圖 18-30　建立 Xcode 專案

9. 設定 Xcode 模擬器

設定 Xcode 模擬器的裝置與 Ios 版本，如圖 18-31 所示。

圖 18-31　設定 Xcode 模擬器

10. 建立專案

選 Product 下的 Build 建立專案，若建立成功會出現 Build Succeeded 圖案，如圖 18-32 所示。

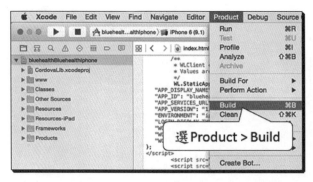

圖 18-32　建立專案

11. 執行專案

選 Product 下的 Run，執行專案，會開啓模擬器，如圖 18-33 所示。

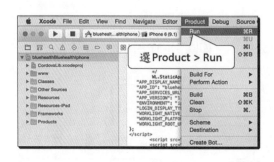

圖 18-33　以模擬器執行專案

十、iPhone 手機實驗結果

將 iPhone 模擬器開啓，提高溫度模擬裝置至 40 度以上，可以看到模擬器跳出警示視窗，按「確定」會關閉警示視窗，如圖 18-34 所示。

此圖截自 **IBM Bluemix** 網站

圖 18-34　提高溫度模擬裝置至 40 度以上

到 Node-RED 處觀察 debug 區，會看到有溫度濕度模擬裝置一直發布的溫度與濕度訊息（pub message），在溫度 40 度以上之情況判斷是 hot 的結果（hot message），會發布訊息給訂閱者，iPhone 手機收到訂閱的資料，會發布資料 {"d":{"myName":"iPhone"}}，從 debug 視窗可以看到訊息狀況，如圖 18-35 所示。

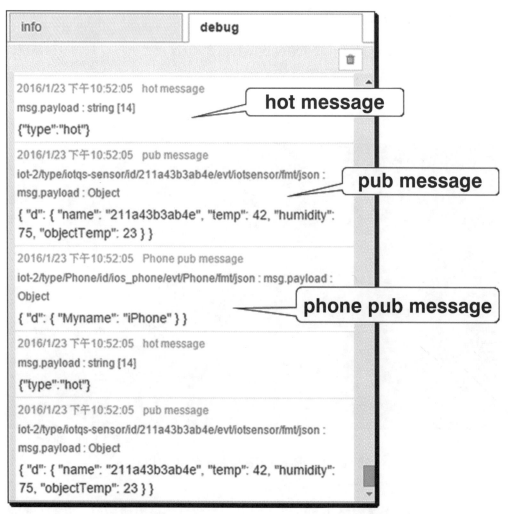

此圖截自 **IBM Bluemix** 網站

圖 18-35　觀察溫度在 40 度以上之 debug 區訊息

　　當溫度在 40 度以上，雲端應用程式會發布訊息，手機收到訂閱的資料後，會發布資料 {"d":{"myName":"iPhone"}}，雲端收到訊息由 debug 節點顯示，如圖 18-36 所示。

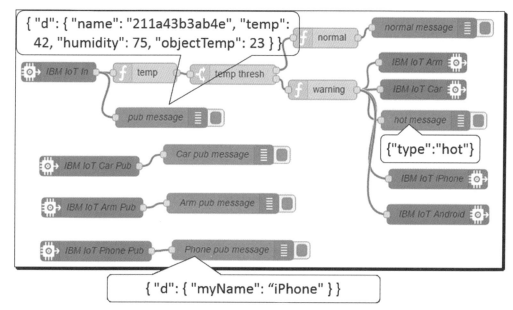

此圖截自 **IBM Bluemix** 網站

圖 18-36　雲端應用程式

十一、同時開啟 Android 手機與 iPhone 手機

　　當溫度在 40 度以上，雲端應用程式會發布訊息，手機收到訂閱的資料後，會跳出警告視窗，按「確定」關閉視窗，並會 iPhone 手機發布資料 {"d":{"myName":"iPhone"}}，Android 手機發布資料 {"d":{"myName":"Android Phone"}}，雲端收到訊息由 debug 節點顯示，如圖 18-37 所示。

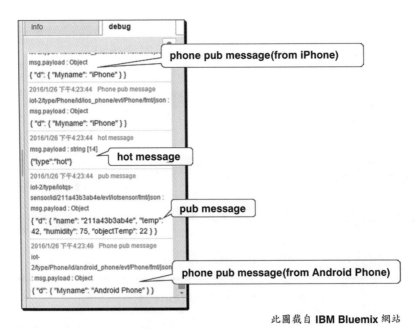

此圖截自 **IBM Bluemix** 網站

圖 18-37　debug 視窗

當溫度在 40 度以上，雲端應用程式會收到裝置發布的訊息，雲端收到訊息由 debug 節點顯示，如圖 18-38 所示。

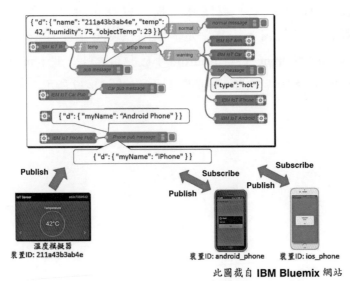

此圖截自 **IBM Bluemix** 網站

圖 18-38　物聯網專題實作—手機應用實驗結果

第五代移動通信系統，簡稱 5G，指的是移動通訊技術第五代，也是 4G 之後的延伸。國際電信聯盟（ITU）2015 年公布 5G 技術標準化時間表，IMT-2020 計畫顯示，5G 標準制定將於 2020 年完成。雖然 5G 能提供極快的傳輸速度，能達到 4G 網絡的 20 倍以上，而且時延很低，但傳送距離很短，需要增建更多基地台以增加覆蓋。在物聯網的大架構下，5G 將提供各式應用，日常生活裝置相互連接，舉凡運輸、健康或工業機械都可涵蓋。

國家圖書館出版品預行編目資料

物聯網實作：工業4.0基礎篇／廖裕評，陸
瑞強著. －－二版. －－臺北市：五南，
2017.08
　面；　公分
　ISBN 978-957-11-9245-1（平裝附光碟片）

1.資訊服務業　2.產業發展　3.技術發展

484.6　　　　　　　　106010322

5DK2

物聯網實作：工業4.0基礎篇

作　　者 ― 廖裕評（33.11）、陸瑞強

發 行 人 ― 楊榮川

總 經 理 ― 楊士清

主　　編 ― 高至廷

責任編輯 ― 許子萱

封面設計 ― 小小設計有限公司

出 版 者 ― 五南圖書出版股份有限公司

地　　址：106台北市大安區和平東路二段339號4樓

電　　話：(02)2705-5066　傳　　真：(02)2706-6100

網　　址：http://www.wunan.com.tw

電子郵件：wunan@wunan.com.tw

劃撥帳號：01068953

戶　　名：五南圖書出版股份有限公司

法律顧問　林勝安律師事務所　林勝安律師

出版日期　2016年 6 月初版一刷
　　　　　2017年 8 月二版一刷
　　　　　2018年10月二版二刷

定　　價　新臺幣520元